科普知识博览·兵器百科

核武器

HE WU QI

王经胜 /编著

Science Book

图书在版编目（CIP）数据

核武器 / 王经胜编著 .-- 北京：北京联合出版公司，2013.9（2022.1 重印）

（科普知识博览·兵器百科）

ISBN 978-7-5502-1895-6

Ⅰ.①核… Ⅱ.①王… Ⅲ.①核武器—普及读物 Ⅳ.① E928-49

中国版本图书馆 CIP 数据核字（2013）第 215549 号

核武器

编　　著：王经胜
选题策划：天昊书苑
责任编辑：张　萌
封面设计：尚世视觉
版式设计：程　杰

北京联合出版公司出版
（北京市西城区德外大街 83 号楼 9 层　100088）
北京一鑫印务有限责任公司印刷　新华书店经销
字数 100 千字　710 毫米 ×1092 毫米　1/16　12 印张
2013 年 10 月第 1 版　2022 年 1 月第 3 次印刷
ISBN 978-7-5502-1895-6
定价：49.80 元

未经许可，不得以任何方式复制或抄袭本书部分或全部内容
版权所有，侵权必究
本书若有质量问题，请与本公司图书销售中心联系调换。

前言 Preface

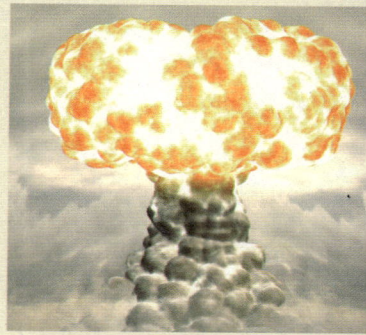

青少年是我们国家的未来，是实现中华民族伟大复兴的主力军。对于青少年来说，他们正处于博学求知的黄金时期。除了认真学习课本上的知识外，他们还应该广泛吸收课外的知识。青少年所具备的科学素质和他们对待科学的态度，对他们未来的成长会有深远的影响。因此，对青少年的科普教育和普及是极为必要的，这不仅可以丰富他们的学习、增加他们的想象力和思维能力，而且可以开阔他们的眼界、提高他们的知识面和创新精神。

本套《科普知识博览》丛书属于趣味型科普丛书，这是一套专为青少年量身打造的科普读物，它向读者展示了一个生动有趣的科普世界。翻开本套丛书，你会发现：科普知识不再如课本里讲述的那样乏味枯燥，而是变得鲜活、生动起来：科普知识不再是抽象的定理和公式，而早已渗透到我们生活的方方面面。通过这些富有神秘性、趣味性的知识话题，来满足读者的求知欲与好奇心。

本套系列书为了迎合广大青少年读者的阅读兴趣，配有相应的图文解说和介绍，多元素图文并茂的编排方式，再加上简约、大方的版式设计让人赏心悦目，使本书的知识内容变得更加的鲜活亮丽。在提高青少年感观效果的阅读时，享受这科普世界无穷无尽的乐趣。

Contents 目录

科普知识博览·兵器百科

第一章 >>>
核武器的概述

核武器的定义 ……………003
核武器的发展 ……………006
核武器的制造 ……………015
核武器与世界和平 ………018

第二章 >>>
核武器的分类及著名核武器

核武器的分类 ……………025
原子弹 ……………………031
氢　弹 ……………………039
中子弹 ……………………044
电磁脉冲弹 ………………051
伽马射线弹 ………………056
感生辐射弹 ………………059
冲击波弹 …………………062
红汞核弹 …………………064
三相弹 ……………………065

Contents 目录

科普知识博览·兵器百科

第三章 >>>
核武器的威力

核武器四种杀伤因素 …………069
核武器损伤及伤情 ……………077
核武器的杀伤范围和
影响因素 ………………………078
对核武器 损伤的防护 …………082
核污染导致基因变异 …………090

第四章 >>>
核武器相关事件

世界核污染事件 ………………093
美国核武器事件 ………………131
世界核武器问题 ………………136

第一章 核武器的概述

>>>

1945年8月6日8时15分，美国在日本广岛市区投掷了一颗代号为"小男孩"的原子弹，接着又在长崎投掷了另一枚"胖子"原子弹，对这两个地区进行了核轰炸，造成大量人员伤亡，建筑被毁，放射性污染严重，给日本无辜平民造成了永远无法磨灭的痛苦记忆。这次原子弹轰炸所显示出来的巨大威力也引起了全世界国家对核武器研究的关注，很多有能力的国家都纷纷开始研制核武器，希望能在这一领域占得先机。核武器威力巨大，很多普通人从来没有见过原子弹，对它的了解也只是从网上、报纸和书籍中获得，属于一知半解。为了解开核武器的神秘面纱，为大众了解这种神秘武器提供借鉴，本章就来为大家简要介绍一下核武器的定义，各国核武器的发展历史，以及核武器的制造过程等知识。

第一章　核武器的概述

核武器的定义

核武器，是利用能自持进行核裂变或聚变反应释放的能量产生爆炸作用，并具有大规模杀伤破坏效应的武器的总称。其中主要利用铀-235或钚-239等重原子核的裂变链式反应原理制成的裂变武器，通常称为原子弹；主要利用重氢（D，氘 dāo）或超重氢（T，氚 chuān）等轻原子核的热核反应原理制成的热核武器或聚变武器，通常称为氢弹。

煤、石油等矿物燃料燃烧时释放的能量来自碳、氢、氧的化合反应，而一般化学炸药如梯恩梯（TNT）

核武器爆炸时释放的能量，比只装化学炸药的常规武器要大得多。例如，1千克铀全部裂变释放的能量约 $8×10^{13}$ 焦耳，比1千克梯恩梯炸药爆炸释放的能量 $4.19×10^{6}$ 焦耳约大2000万倍。因此，核武器爆炸释放的总能量，即其威力的大小，常用释放相同能量的梯恩梯炸药量来表示，称为梯恩梯当量。美、苏等国装备的各种核武器的梯恩梯当量，小的仅1000吨，甚至更低；大的达1000万吨，甚至更高。

核武器爆炸，不仅释放的能量爆炸时释放的能量则来自化合物的分解反应。在这些化学反应里，碳、氢、氧、氮等原子核都没有变化，只是各个原子之间的组合状态发生了变化。核反应与化学反应则不一样。在核裂变或核聚变反应里，参与反应的原子核都转变成了其他原子核，原子也发生了变化。因此，人们习惯上称这类武器为原子武器。但实质上这是原子核的反应与转变，所以称它们为核武器要更为确切。

巨大，而且核反应过程非常迅速，在微秒级的时间内即可完成。因此，在核武器爆炸周围不大的范围内会形成极高的温度，加热并压缩周围空气使之急速膨胀，产生高压冲击波。地面和空中核爆炸，还会在周围空气中形成火球，发出很强的光辐射。核反应还产生各种射线和放射性物质碎片，而向外辐射的强脉冲射线与周围物质相互作用，造成电流的增长和消失过程，结果又会产生电磁脉冲。这些不同于化学炸药爆炸的特征，使核武器具备了特有的强冲击波、光辐射、早期核辐射、放射性沾染和核电磁脉冲等杀伤破坏作用。核武器的出现，对现代战争的战略战术产生了重大影响。

核武器系统，一般由核战斗部、投射工具和指挥控制系统等部分构成，核战斗部是其主要构成部分。核战斗部亦称核弹头，常与核装置、核武器这两个名称相互代替使用。实际上，核装置是指核装料、其他材料、起爆炸药与雷管等组合成的整体，可用于核试验，但通常还不能用作可靠的武器；核武器则指包括核战斗部在内的整个核武器系统。

核武器的发展

核武器的出现,是20世纪40年代前后科学技术重大发展的结果。

◎ **国外核武器的发展**

1939年初,德国化学家O.哈恩和物理化学家F.斯特拉斯曼发表了铀原子核裂变现象的论文。几个星期内,许多国家的科学家相继验证了这一发现,并进一步提出有可能创造这种裂变反应自持进行的条件,从而开辟了利用这一新能源为人类创造财富的广阔前景。但是,同历史上许多其他科学技术新发现一样,核能的开发也被首先用于军事目的,即制造威力巨大的原子弹,其进程受到了当时社会与政治条件的影响和制约。

第一章 核武器的概述

从1939年起,由于法西斯德国扩大侵略战争,欧洲许多国家开展科研工作日益困难。同年9月初,丹麦物理学家N.H.D.玻尔和他的合作者J.A.惠勒从理论上阐述了核裂变反应过程,并指出能引起这一反应的最好元素是同位素铀-235。正当这一有指导意义的研究成果发表时,英、法两国向德国宣战。1940年夏,德军占领法国。法国物理学家J.F.约里奥·居里领导的一部分科学家被迫移居国外。英国曾制订计划进行这一领域的研究,但由于战争影响,人力物力短缺,后来也只能采取与美国合作的办法,派出以物理学家J.查德威克为首的科学家小组,赴美国参加由理论物理学家J.R.奥本海默领导的原子弹研制工作。

在美国,从欧洲迁来的匈牙利物理学家齐拉德·莱奥首先考虑到,一旦法西斯德国先掌握了原子弹技术,则可能会带来严重后果。经他和另几位从欧洲移居美国的科学家的奔走推动,1939年8月物理学家A.爱因斯坦写信给美国第32届总统F.D.罗斯福建议研制原子弹,这才引起美国政府的注意。但美国政府开始只拨给他们6000美元的研究经费,直到1941年12月日本袭击珍珠港后,才扩大规模,到1942年8月发展成代号为"曼哈顿工程区"的庞大计划,直接动用53.9万人,投资25亿美元。

1945年8月6日和9日，在第二次世界大战结束的前夕，美国空军在日本的广岛和长崎接连投掷了两枚原子弹。这场人类有史以来的巨大灾难造成了10万余日本平民死亡和8万多人受伤。原子弹的空前杀伤和破坏威力，震惊了世界，也使人们对以利用原子核的裂变或聚变的巨大爆炸力而制造的新式武器有了新的认识。

到第二次世界大战即将结束时制成的3颗原子弹，使美国成了世界上第一个拥有原子弹的国家。

制造原子弹，既要解决武器研制中的一系列科学技术问题，还要能生产出必需的核装料铀-235、钚-239。天然铀中同位素铀-235的丰度仅0.72%，按原子弹设计要求必须提高到90%以上。当时美国经过多种途径探索研究与比较后，采取了电磁分离、气体扩散和热扩散三种方法生产这种高浓铀。供一颗"枪法"原子弹用的几十千克高浓铀，就是靠电磁分离法生产的。建设电磁分离工厂的费用约3亿美元（磁铁的导电线圈是用从国库借来的白银制造的，其价值尚未计入）。

而钚-239要在反应堆内用中子辐照铀-238的方法制取。供两颗"内爆法"原子弹用的几十千克钚-239，就是用3座石墨慢化、水冷却型天然铀反应堆及与之配套的化学分离工厂生产的。以上事例足可以说明当时的工程规模之大。由于美国的工业技术设施与建设未受到战争的直接威胁，又掌握了必需

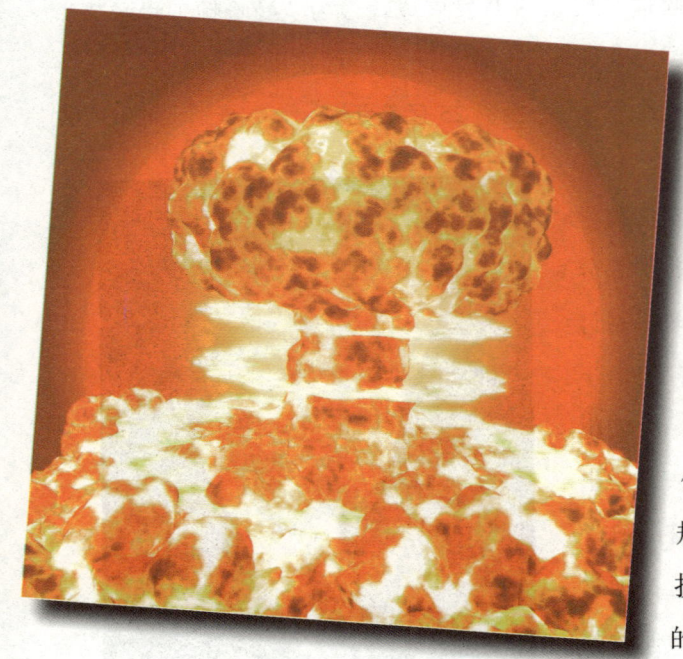

第一章 核武器的概述

的资源,集中了一批国内外的高科技人才,才使其能够较快地实现原子弹研制计划。

本来,德国的科学技术是处于领先地位的。1942年以前,德国在核技术领域的水平与美、英大致相当,但后来落伍了。美国的第一座试验性石墨反应堆在物理学家 E. 费密领导下于1942年12月建成并达到临界;而德国采用的是重水反应堆,生产钚-239,到1945年初才建成一座不大的次临界装置。为生产高浓铀,德国曾着重于高速离心机的研制,由于空袭和电力、物资缺乏等原因,进展很缓慢。其次,A. 希特勒对科学家的破坏,以及有的科学家持不合作态度,是这方面工作进展不快的另一原因。更主要的是，德国法西斯头目过分自信，认为战争可以很快结束，不需要花气力去研制尚无必成把握的原子弹，先是不予支持，后来再抓已困难重重，研制工作终于失败。

1945年5月德国投降后，美国有不少知道"曼哈顿工程"内幕的人士，包括以物理学家J.弗兰克为首的一大批从事这一工作的科学家反对用原子弹轰炸日本城市。当时，日本侵略军受到中国人民长期抗战的有力打击，实力已大大削弱；美、英在太平洋地区的进攻，又几乎摧毁了全部日本海军，海上封锁则使日本国内的物资供应极为匮乏。在日本失败已成定局的情况下，美国仍于8月6日、9日先后在日本的广岛和长崎投下了仅有的两颗原子弹，代号分别为"小男孩"和"胖子"，给日本造成了严重的打击。

苏联在1941年6月遭受德军入侵前，也进行过研制原子弹的工作。铀原子核的自发裂变，正是在这一时期由苏联物理学家Γ.H.弗廖罗夫和K.A.佩特扎克发现的。卫国战争爆发后，研制工作被迫中

第一章 核武器的概述

断,直到1943年初才在物理学家 И.В.库尔恰托夫的组织领导下逐渐恢复,并在战后加速进行。1949年8月,苏联进行了原子弹试验。1950年1月,美国总统 H.S.杜鲁门下令加速研制氢弹。1952年11月,美国进行了以液态氚为热核燃料的氢弹原理试验,但该实验装置非常笨重,不能用作武器。1953年8月,苏联进行了以固态氘化锂6为热核燃料的氢弹试验,使氢弹的实用成为可能。美国于1954年2月进行了类似的氢弹试验。英国、法国也先后在50和60年代各自进行了原子弹与氢弹试验。

◎ 中国核武器的发展

中国在开始全面建设社会主义时期，基础工业有了一定的发展，即着手准备研制原子弹。1959年开始起步时，国民经济发生了严重困难。同年6月，苏联政府撕毁中苏在1957年10月签订的关于国防新技术的协定，随后撤走专家，中国决心完全依靠自己的力量来实现这一任务。中国首次试验的原子弹取"596"为代号，就是以此激励全国军民大力协同做好这项工作。1964年10月16日，中国首次原子弹试验成功。

经过两年多的努力，1966年12月28日，小当量的氢弹原理试验成功；半年之后，又于1967年6月17日成功地进行了百万吨级的氢弹空投试验。中国坚持独立自主、自力更生的方针，在世界上以最快的速度完成了核武器这两个发展阶段的任务。1969年9月23日，中国首次进行地下核试验爆炸和坑道自封闭技术并获得成功。这是中国首次进行的地下核试验。1978年10月14日，中国首次竖井核爆炸试验成功。其后，中国又成功地进行了多次坑道和竖井方式的

第一章 核武器的概述

地下核试验。

中国所进行的各次核试验都是在周密的安全防护下进行的，没有造成任何放射性伤害。到1981年为止，中国在大气层中共进行了23次核试验，其中弹道导弹核武器的空爆成功标志着中国有了可用于实战的核导弹，取得了核弹头研制定型的完整经验。飞机投掷氢弹空爆成功，是中国核武器发展的又一个飞跃。1981年后，中国多年未进行大气层核试验。1986年3月21日，中国政府正式宣布今后不再进行大气层核试验。1996年7月30日，中国政府宣布从即日起，中国开始暂停核试验。同年9月24日，中国等16个国家在纽约联合国总部首批签署了全面禁止核试验条约。

生产制造一件核武器，需要高深的技术和较多的物质条件。其中至关重要的一个条件是拥有一定量的裂变材料。当前，由于科学技术的高速发展,不少国家相继掌握了核技术,从理论上来讲是具备了制造核武器的能力。根据当前的技术,获取用于核武器的裂变材料有两条途径:一是通过核反应堆获取燃料并经处理后获得,二是通过对贫化材料浓缩获得。因此,国际社会把凡具备上述设施的国家都称为有核能力的国家。

为了获得核威慑力量,不少国家投入了大量人力和物力进行核武器的研制工作,其中更直接的投入则是为了研制核武器而进行的各种类型的核试验。对于非核国家或核武器技术不够先进的国家来说,核试验往往是检验其核武器成功与否的必要途径。

核试验通常分为原理性试验、科学性试验、改进和定型核试验、库存安全性和可靠性鉴定核试验等。一些国家当前进行的核试验基本上是地下进行的。地下核试验就是把设计的核装置(或核弹头)经过多种复杂的环境考验后,放到一定深度的地下进行核爆炸,以验证所试验的核装置(或核弹头)是否满足要求,验证理论计算和工程设计是否正确,以改进设计和为生产提供科学依据等。

核武器的制造

据专家分析,各国研制核武器在技术上首先要过四关:核燃料、起爆装置、核试验、投掷技术。

◎ 第一关:核燃料

想研制核武器的国家都把目光聚集在了核电站的核反应堆废料上。日本就是一个赋予和平利用核能以特定任务、旨在完善和发展核技术最典型的国家。据报道,日本首先是以建设核电站的需要为名,大力收购美、英、法等国总量达40多吨的核废料,然后对核废料进行处理和钚再回收,曾扬言几周内就可生产出核武器。为了绝对安全起见,国际社会已把防扩散作为核反应堆改进的一个方向,严禁扩散3项敏感技术,分别是:铀的同位素分离技术(又叫铀浓缩技术)、乏燃料的后处理技术(可从核废料中提取钚239的技术)和重水生产技术(可以用来生产氢弹的原料——氘和氚)。

◎ 第二关:起爆装置

制造一枚原子弹不仅需要有用作裂变燃料的原材料,更要有触发装置,以及一种能在核弹发生爆炸前使大部分燃料发生裂变的技术(否

了核爆炸。世界上有一些暗中研制原子弹的国家在这一关面前都感到一筹莫展。

◎ 第三关：核试验

1996年9月10日，联合国第50届大会全体会议以压倒多数通过《全面禁止核试验条约》后，关于用计算机模拟取代传统核爆试验也可以达到同等试验效果的介绍就层出不穷。可这种在已有核爆炸试验的基础上将各种参数编程输入超大型计算机，用化学爆炸、实验室、计算机对核爆炸物理过程和核爆炸效应进行模拟的方法，对今天那些急于造出核武器的国家无疑是一个比造一颗原子弹更难达到的目标。自1945年7月16日美国首次核试验到1996年9月《全面禁止核试验条约》通过为止，全世界共进行了2047次核试验。

则核弹会失败）。起爆装置这关最大的技术难题是高爆炸药的合理配置。起爆时，在百万分之一秒的时间内同时引爆快速燃烧和慢速燃烧的两种常规炸药，才能实现真正的核爆炸。如果定时误差超过上述要求，或者两种炸药配比不对，就会大幅度降低常规爆炸所产生的压缩效果，致使核爆炸威力减半，甚至形成不

我国第一颗氢弹

第一章 核武器的概述

其中美国715次，苏联715次，法国210次，英国45次，中国45次，印度1974年进行了一次。由此可见，要想真正完成完整的核武器物理设计，没有强大丰富的试验数据库的支持是难以成功的。

◎ 第四关：投掷技术

真正的核武器由三部分组成，即核战斗部、投射工具和指挥控制系统。有了核武器就必须拥有相应的投掷手段。核爆成功后，接下来的小型化和武器化的问题仍然是绕不过去的一关。核武器搭载试验同样必不可少。一般来讲，战略原子弹主要装在导弹、航空炸弹上，发射平台包括各种射程的弹道导弹、巡航导弹、核潜艇、战略轰炸机等。不过，随着弹道导弹拦截系统的飞速发展，弱小国家想凭借自己有限的运载手段，把得之不易的原子弹扔到对手的头上，这样的几率实在是小得可怜。而对于那些扔不出去的原子弹来说，其实际意义上的威慑能力必定会大打折扣。

核武器与世界和平

现在距二战结束已经六十多年了,在这六十多年的时间里,全球没有爆发新的世界大战,和平与发展已经成为当今世界的主题,消灭战争与贫困是人类面临的首要任务。尽管二战后曾经爆发过朝鲜战争、中印边境战争等大国间直接的冲突,但是世界总体形势趋于缓和,而核武器则是世界和平的一个重要保障。

二战刚刚结束时,美国和苏联各自发展了超大规模的核武库,两个超级大国之间的核军备竞赛导致的最直接结果就是两国的敌对和冷战,而任何一方都不敢轻易发动核战争,因为核大战不同于常规战争,战争的结果往往是以双方的惨败收场的。因此我们看到,1950年,朝鲜战争爆发时,美国趁机介入,并将战火烧到中国的鸭绿江边;中国人民志愿军支援朝鲜,战争进入僵持阶段。此时,美国企图以核打击中国的方式来扭转战局,并将原子弹运到了日本。后来由于苏联的原因,直到签订停战协议,原子弹也没有派上用场。1969年的珍宝岛事件又是两个大国之间的冲突,这一事件差点导致了中苏两国之间的战争。在这场战争中,苏联方面也曾

第一章　核武器的概述

经想要利用核武器对中国进行"外科手术式"的打击，不过当时中国已经是有核国家，而且美国通过各种途径知道了这一消息后，将这个消息转告给了中国，中国方面已经作好了核反击的准备，这才迫使苏联的计划落空。

当今，中国已经拥有了二次核打击能力，所以才换来了今天的和平环境。中国的核策略与美国和苏联不同，中国宣称自己不会首先使用核武器，这就说明我们有较强的核生存能力。美国等西方国家所渲染的"中国威胁论"纯

属无稽之谈,因为我们要做到不首先使用核武器,当然要确保有足够的战略核潜艇来保证我们的核威慑能力。而核威慑的前提就是"确保相互摧毁",唯有如此,才能保证互不使用核武器。

正是大国之间的核平衡,才保证了当今世界的总体和平,把世界大战的风险降到了最低。尽管近些年来世界上也发生了许多战争,但相对于世界来说,这种战争只是局部战争,它们改变不了世界和平的大局。而且这些战争都是非对称战争,战争地点多在非敏感地区,没有大国利益的角逐。大国对于战争的思考往往比较冷静,并不像小国那样轻易发动战

争。小国打仗是"光脚的不怕穿鞋的",可现在中国也变成了穿鞋的,所以也不可能轻易惹战火上身。大国要发动战争,就必须保证战争是非对称的,自己的对手不仅没有还手之力,甚至连招架之功都没有,如美国对伊拉克、俄罗斯对格鲁吉亚都是这种战争模式。

而核武器的"确保相互摧毁",正是大国之间不敢轻易开战的根本原因,哪个国家都不希望自己在战争中毁灭,特别是像中国、美国、俄罗斯这样的大国,在军事与政治上都比较成熟,谁都不可能对自己的国家不负责任。在过去的六十多年当中,核武器保证了世界的和平与安全,因为掌握核

武器的都是大国。不过任何事物都具有双面性，核武器也不例外，如果核武器被小国拥有，那么对世界来说将可能是灾难，所以有核国家需要严格履行《核不扩散条约》，防止核武器流入小国，因为并不是每一个国家的领导人都是那么理智的。一旦某个国家的理智不足以控制核武器，将会有可能引发核大战。只有少数国家掌握核武器，才是对世界总体和平的保证。我们也看得到，大国对于小国的打击都是使用常规武器，并没有使用过核武器；但是如果核技术掌控在小国手中，就没有人能够保证核武器不会在战争中被使用了。

第二章　核武器的分类及著名核武器

1964年10月16日下午3时，中国西部地区新疆罗布泊上空，中国第一次将原子核裂变的巨大火球和蘑菇云升上了戈壁荒漠，第一颗原子弹爆炸成功，中国终于迈进了原子核时代。在很多人的心目中，核武器的意义其实很狭隘，比如一提到核武器，很多人的第一反应就是原子弹，脑海中出现的就是原子弹爆炸时产生的巨大蘑菇云。甚至于在他们的思维中，核武器就等于原子弹。其实，这种认识是错误的。事实上，根据不同的分类标准，核武器可以分为多种类型。比如，目前世界上著名的核弹有九种：原子弹、氢弹、中子弹、电磁脉冲弹、伽马射线弹、感生辐射弹、冲击波弹、红汞核弹，以及三相弹。这几种核弹各有特点，威力也有大有小。本章我们就将分别介绍一下这九种核弹的具体信息，为大家增加关于核武器的知识提供帮助。

第二章 核武器的分类及著名核武器

核武器的分类

通常按作战使用目的的不同可将核武器分为两大类，即用于袭击敌方战略目标和防御己方战略要地的战略核武器，和主要在战场上用于打击敌方战斗力量的战术核武器。另外，苏联还多分出一种战役战术核武器。核武器的分类方法，与地理条件、社会政治因素有关，并不是十分严格的。自20世纪70年代末以后，美国官方文件很少使用"战术核武器"这一词语，代替使用的有"战区核武器""非战略核武器"等，并把中远程、中程核导弹也划归到了这一类。

◎ 战略核武器

战略核武器是用于攻击敌方战略目标或保卫己方战略要地的核武器的总称。战略核武器一般是由威

力较高的核弹头和射程较远的投射工具组成的武器系统。战略核武器主要有陆基洲际弹道核导弹、潜地弹道核导弹、携带核航空炸弹、近程攻击核导弹、巡航核导弹的战略轰炸机，以及反弹道导弹核导弹等。战略核武器作用距离可远至上万千米，突击性强，核爆炸威力通常为数十万吨、数百万吨乃至上千万吨梯恩梯当量，可用以攻击军事基地、工业基地、交通枢纽、政治中心、经济中心和军事指挥中心等战略目标。

1945年美国首先研制成功原子弹，同年8月6日和9日，美国用轰炸机携载两颗原子弹，先后袭击了日本的广岛和长崎。20世纪50年代初期，又出现了威力更大的氢弹，但当时的运载工具只有轰炸机。美苏两国为使核武器的运载手段多样化，都开始着手研制携带核弹头的战略导弹。50年代中期，有的国家开始装备中程核导弹和携载核航弹的新型战略轰炸机。50年代后期，苏美两国先后试验成功洲际弹道导弹，苏联还将战略导弹装备在了常规动力潜艇上。60年代初期，美国核动力弹道导弹潜艇开始服役。这些新的运载工具的出现，使战略核武器的数量显著增加。到60年代中期，由于核弹头小型化和核威力的提高，主要核国家都为部分战略弹道导弹安装了集束式多弹头。

中国于1964年10月16日，成功爆炸了第一颗原子弹；1966年10月27日，进行了导弹核武器试验；

第二章 核武器的分类及著名核武器

1966年12月28日第一颗氢弹试验成功。60年代末期,掌握战略核武器的国家已有美、苏、英、法和中国,其中美苏两国的战略核武器数量最多,形成相互威慑的局面。美、苏双方都研制并部署了反弹道导弹防御系统。70年代,主要核国家发展战略核武器的做法是:发展核装药的分导式多弹头和机动式多弹头,提高核导弹的突防能力和命中精度,增强核打击能力;加固导弹发射井,研制陆基机动发射的战略导弹,提高战略导弹武器系统的生存能力;发展大型核动力导弹潜艇和远程潜地导弹,扩大导弹核潜艇的作战海域;研制新型战略轰炸机和战略巡航导弹,确保多种打击手段。80年代初期,美苏两国开始装备战略巡航导弹和大型战略导弹核潜艇等新的战略核武器和运载工具。核武器的出现,给军队的编制体制、作战规模与样式、保障勤务和军事学术等方面都带来了深刻影响。

中国的第一代战略核武主要以陆基弹道导弹为主,加上数量不多的中程潜地战略弹道导弹,主要由DF2、DF3、DF4、DF5、JL1等共三大类五个主要型号的地地、潜地战略弹道导弹组成。这些陆基海基导弹基本都是用60、70年代技术制造的,每枚导弹只能装载一个弹头(不包括少量被升级的载体),命中精度也较差。因此,形成的全面核打击力度也相对有限。

进入到了80年代后,已有的核武能力已经日显窘迫与落后,急需新的装备替代老旧技术产品。这个迫切性在80年代后期至90年代尤为突出,因为部分战备核武已经进入或即将要进入超龄服役的阶段,所以汰换新一代的核武导弹也就成为了中国军工建设中相当重要的工作组成部分。第二代核武的研制启动可以追溯到80年代中期，而预研甚至更早些。当时中共提出的步骤是以发展陆基核武、强化海基核武、装备空基核武为方针进行的三方面全面发展的战略计划。

◎ 战术核武器

战术核武器是指用于支援陆、海、空战场作战，打击敌方战役战术纵深内重要目标的核武器。战术核武器一般是由威力较低的核弹头

和射程较短的投射工具组成的武器系统。主要有：战术核导弹、核航空炸弹、核炮弹、核深水炸弹、核地雷、核水雷和核鱼雷等。其特点是：体积小、重量轻、机动性能好、命中精度高。爆炸威力有百吨、千吨、万吨和十万吨级梯恩梯当量，少数地地战术核导弹的爆炸威力可达百万吨级梯恩梯当量。战术核武器少数固定配置在陆地和水域进行固定发射，多数采用车载、机载、舰载进行机动投射，主要用于打击对军事行动有直接影响的重要目标，如导弹发射阵地、指挥所、集结的部队、飞机、舰船、坦克群、野战工事、港口、机场、铁路枢纽、重

第二章 核武器的分类及著名核武器

要桥梁和仓库等战术目标。

基地和政治、经济、军事中心等。

◎ **二者的区别**

战略核武器是用于攻击战略目标的核武器，作用距离可达上万公里，核爆炸威力通常有数十万吨、数百万吨，甚至上千万吨梯恩梯当量。它主要的运载工具有陆基战略导弹、携带核航弹的远程轰炸机、潜基战略核导弹，以及近程攻击核导弹和巡航导弹等。它攻击的主要目标是军事基地、交通枢纽、工业

战术核武器是用于打击战役战术纵深内重要目标和战斗力量的核武器，主要有战术核导弹、核航弹、核深水炸弹、核地雷、核水雷和核鱼雷等。它的主要运载和发射工具有火炮、导弹、飞机、水面舰艇和潜艇等。战术核武器的主要特点是体积小、重量轻、机动性好、命中精度高，且爆炸威力大，一般可达数百吨或数十万吨梯恩梯当量。战术核武器主要打击的目标有导弹发射阵地、指挥所、集结地、飞机、

舰船、坦克集群、野战工事、港口、机场、铁路、桥梁等。

◎ 其他分类

另外，从释放能量原理的角度划分，核武器可以分为裂变核武器与聚变核武器。而从运载（投送）方式角度分类，核武器又可以分为核导弹、核航弹、核炮弹、核地雷、核鱼雷、核水雷、核深水炸弹等：

（1）核导弹是装有核弹头的导弹，可从陆上、空中、水面、水下发射。按照其作战使用目的又可分为战略核导弹和战术核导弹两类。

（2）核航弹是装有核装置的炸弹，一般由飞机投掷并利用降落伞减速，以保证投弹飞机的安全。世界上仅有的实战使用核武器就是1945年8月美国投放在日本广岛和长崎的两枚核航弹。

（3）核炮弹是用火炮发射的核装药炮弹，常作为战术核武器使用。例如美国XM-785型155毫米榴弹炮的核弹头，威力为2000吨梯恩梯当量。

（4）核地雷是装核装药的地雷，主要用于打击集群装甲目标，可在敌主攻方向的狭窄地段炸出大坑，形成大面积污染，遏制敌坦克、机械化部队的进攻。一枚2000吨梯恩梯当量的核地雷可摧毁距爆心200米范围内的坦克和260米范围内的装甲车。

（5）核鱼雷是装有核装置的鱼雷，由潜艇携带，用于攻击大型水面舰艇、舰队、商船队及港口、基地、大型海岸工程等目标。例如美国MK-48-5鱼雷就有核装药型。

（6）核水雷是装有核装药的水雷，用于毁伤敌方舰船或阻碍其行动。10000～20000万吨的核水雷爆炸能使700～1400米处的舰船遭到中度损伤。

（7）核深水炸弹（核深弹）是装有核装置，用于攻击潜艇等水下目标的炸弹。一枚10000吨梯恩梯当量的核深弹在水下爆炸可将距离爆心1000米以内的潜艇击沉或严重破坏。

第二章　核武器的分类及著名核武器

原子弹

　　原子弹是最普通的核武器，也是最早研制出的核武器，它利用原子核裂变反应所放出的巨大能量，通过光辐射、冲击波、早期核辐射、放射性沾染和电磁脉冲起到杀伤破坏作用。

　　原子弹（即裂变核武器）是利用铀-235或钚-239等重原子核裂变反应，瞬时释放出巨大能量的核武器，又称裂变弹。原子弹的威力通常为几百至几万吨级梯恩梯当量，有巨大的杀伤破坏力。根据使用的运载工具不同，原子弹可用作核导弹、核航空炸弹、核地雷或核炮弹等，或用作氢弹中的初级（或称扳机），为点燃轻核引起热核聚变反应

提供必需的能量。

原子弹主要由引爆控制系统、高能炸药、反射层、由核装料组成的核部件、中子源和弹壳等部件组成。引爆控制系统用来起爆高能炸药；高能炸药是推动、压缩反射层和核部件的能源；反射层由铍或铀-238构成。铀-238不仅能反射中子，而且密度较大，可以减缓核装料在释放能量过程中的膨胀，使链式反应维持较长的时间，从而提高原子弹的爆炸威力。

原子弹的核装料主要是铀-235或钚-239。为了触发链式反应，原子弹还必须有中子源提供"点火"中子。核爆炸装置的中子源可采用：氘氚反应中子源、钋-210-铍源、钚-238原子弹爆炸铍源和锎-252自发裂变源等。原子弹爆炸产生的高温高压以及各种核反应产生的中子、γ射线和裂变碎片，最终形成冲击波、光辐射、早期核辐射、放射性沾染

和电磁脉冲等杀伤破坏因素。

原子弹是科学技术的最新成果迅速应用到军事上的一个突出例子。1939年10月,美国政府决定研制原子弹,1945年造出了3颗。一颗用于试验,两颗投在日本。其他国家第一颗原子弹爆炸的时间分别是:苏联——1949年8月29日;英国——1952年10月3日;法国——1960年2月13日;中国——1964年10月16日;印度——1974年5月18日。中国第一次核试验以塔爆方式进行,用的是"内爆法"铀弹;1965年5月14日第二次核试验时,核装置用飞机空投;1966年10月27日第四次核试验时,核弹头由导弹运载。

自1945年原子弹问世以来,原子弹技术不断发展,体积、重量显著减小,战术技术性能日益提高。原子弹小型化对于提高核武器的战术技术性能和用作氢弹的起爆装置(亦称"扳机")具有重要意义。为适应战场使用的需要,科学家发展了多种低当量和威力可调的核武器。为改进原子弹的性能,又发展了加强型原子弹,即在原子弹中添加氘或氚等热核装料,利用核裂变释放的能量点燃氘或氚,发生热核反应,而反应中所放出的高能中子,又使更多的核装料裂变,从而使威力增大。这种原子弹与氢弹不同,其热核装料释放的能量只占总当量的一小部分。除此以外,高能炸药的起爆方式和核爆炸装置结构也在不断改进,目的是提高炸药的利用效率和核装料的压缩度,从而增大威力,节省核装料。此外,提高原子弹的突防和生存能力以及安全性能,也日益受到重视。

◎ 原子弹的原理

一个重原子核(如铀-235,钚-239)分裂为质量相接近的两个或几个较轻的原子核,称为核裂变。利用铀-235或钚-239原子核的自持裂变链式反应原理制成的核武器,称为裂变核武器,通常称为原子弹。

平时,原子弹中的铀-235和钚-239裂变装料处于次临界状态,不会产生核爆炸。起爆时利用常规炸药爆炸使次临界状态的裂变装料在瞬间达到超临界状态,产生自持裂变链式反应并将反应能量以爆炸形式瞬间释放出来。按起爆方式来分,原子弹可分为枪式和内爆式两种。前者的核装药由若干块处于亚临界的铀-235或钚-239组成,化学炸药爆炸使其合拢,达到超临界状态,实现核爆炸;后者是利用化学炸药爆轰,通过内爆压缩处于亚临界状态的裂变材料,使其密度加大而达到超临界状态,实现核爆炸。

美国对日本投下的两颗原子弹中的"胖子"原子弹是以带降落伞的核航弹形式,用飞机作为运载工具的。以后,随着武器技术的发展,形成了多种核武器系统,包括弹道核导弹、巡航核导弹、防空核导弹、反导弹核导弹、反潜核火箭、深水核炸弹、核航弹、核炮弹、核地雷等。其中,配有多弹头的弹道核导弹,以及以各种发射方式的巡航核导弹,是美、苏两国装备的主要核武器。

已生产并装备部队的核武器,按其核战斗部设计看,主要属于原子弹和氢弹两种类型。至于核武器的数量,并无准确的公布数字,有关研究机构的估计数字也不一致。按已有的资料综合分析,到20世纪

80年代中期为止,美、苏两国总计有核战斗部50000枚左右,占全世界核战斗部总数的95%以上,其梯恩梯当量总计为120亿吨左右。而第二次世界大战期间,美国在德国和日本投下的炸弹总计约200万吨梯恩梯当量,只相当于美国B-52型轰炸机携载的2枚氢弹的当量。从这一粗略比较我们就可以看出核武器库贮量的庞大了。美、苏两国进攻性战略核武器(包括洲际核导弹、潜艇发射的弹道核导弹、巡航核导弹和战略轰炸机)在数量和当量上比较,美国在投射工具(陆基发射架、潜艇发射管、飞机)总数和梯恩梯当量总值上均少于苏联,但在核战斗部总枚数上却多于苏联。

考虑到核爆炸对面目标的破坏效果同当量大小不是简单的比例关系,另一种估算办法就是以一定的冲击波超压对应的破坏面积来度量核战斗部的破坏能力,即取核战斗部当量值(以百万吨为

第二章 核武器的分类及著名核武器

计算单位）的 2/3 次方为其"等效百万吨当量"值（也有按目标特性及其分布和核攻击规模大小等不同情况，选用小于 2／3 的其他方次的），再按各种核战斗部的枚数累计算出总值。按此法来估算比较美、苏两国的战略核武器破坏能力的话，由于在当量小于百万吨的核战斗部枚数上，美国多于苏联，所以两国的差距并不很大。但自 80 年代以来，随着苏联在分导式多弹头导弹核武器上的发展，这一差距也在不断扩大。而对点（硬）目标的破坏能力方面，则核武器的投射精度起着更重要的作用，因而在这方面美国一直领先于苏联。

◎ **原子弹的分类**

根据引发机构的不同，可将原子弹分为"枪式"原子弹和"收聚式"原子弹。

"枪式"原子弹将两块半球形的小于临界体积的裂物质分开一定距离放置，中子源位于中间。在核装药的球面上包覆了一层坚固的能反射中子的材料，其作用是将过早跑出来的中子反射回去，以提高链式反应的速度。在中子反射层的外面是高速炸药、传爆药和雷管，再

将雷管与起爆控制器相连接,起爆控制器自动地起爆炸药。两个半球形裂变物质在炸药的轰击下迅速压缩成一个扁球形,达到超临界状态。中子源放出大量的中子使链式反应迅速进行,并在极短的时间内释放出极大的能量,这就是杀伤破坏力巨大的原子弹爆炸。

"收聚式"原子弹将普通烈性炸药制成球形装置,并把小于临界体积的核装药制成小球置于炸药球中。炸药同时起爆,将核装药小球迅速压紧并达到超临界体积,从而引起核爆炸。"收聚式"原子弹的的结构复杂,但核装药利用率高。现代原子弹综合了这两种引发机构,使核装药的利用率提高到80%左右,从而获得了极大的破坏力。

第二章 核武器的分类及著名核武器

氢弹

氢弹是利用氢的同位素氘、氚等轻原子核的聚变反应,产生强烈爆炸的核武器,又称热核聚变武器。氢弹的杀伤破坏因素与原子弹相同,但威力比原子弹大得多。原子弹的威力通常为几百至几万吨级梯恩梯当量,氢弹的威力则可大至几千万吨级梯恩梯当量。氢弹还可通过设计增强或减弱其某些杀伤破坏因素,其战术技术性能比原子弹更好,用途也更广泛。

◎ 氢弹的研制

氢弹的研制是从第二次世界大战末期开始的。原子弹试爆能产生上千万度的超高温,为后来研制氢弹开创了条件。美国在研制氢弹初期,经过了多次试验都没有成功。1950年以后美国又重新开始试验,

并且利用电脑对热核反应的条件进行了大量计算之后,证明在钚弹爆炸时所产生的高温下,热核原料的氘和氚混合物确实有可能开始聚变反应。为了检查这些结论,他们曾经准备了少量的氘和氚装在钚弹内进行试验,结果测得这枚钚弹爆炸

时产生的中子数大大增加,说明了其中的氘氚确实有一部分会进行热核反应。于是在这次试验后,美国加紧了制造氢弹的工作,终于在1952年11月1日,在太平洋上进行了第一次氢弹试验。不过当时所用的氢弹重65吨,体积十分庞大,没有实战价值,直到1954年找到了用固态的氘化锂替代液态的氘氚作为热核装料之后,才缩小了体积和减轻重量,制出了可用于实战的氢弹。随着科学技术的发展,氢弹与洲际弹道飞弹的结合为现代世界带来了以暴制暴的恐怖和平,使人类进入了按钮战争的时代,任何一个核子强国在战争中使用氢弹,都会导致就是世界末日的来临!

1942年,美国科学家在研制原子弹的过程中,推断原子弹爆炸提供的能量有可能点燃氢核,引起聚变反应,并想以此来制造一种威力比原子弹更大的超级弹。1952年11月1日,美国进行了世界上首次氢弹原理试验。从50年代初至60年代后期,美国、苏联、英国、中国和法国都相继研制成功氢弹,并装备部队。

三相弹是目前装备得最多的一种氢弹,它的特点是威力和比威力都较大。在其三相弹的总威力中,裂变当量所占的份额相当高。一枚威力为几百万吨梯恩梯当量的三相弹的裂变份额一般在50%左右,放射性污染较严重,所以有时也称之为"脏弹"。

氢弹有巨大的杀伤破坏威力,

它在战略上有很重要的作用。对氢弹的研究与改进主要在集中在以下3个方面：

（1）提高比威力和使之小型化。

（2）提高突防能力、生存能力和安全性能。

（3）研制各种特殊性能的氢弹。

氢弹的运载工具一般是导弹或飞机。为使武器系统具有良好的作战性能，要求氢弹自身的体积小、重量轻、威力大。因此，比威力的大小是氢弹技术水平高低的重要标志。当基本结构相同时，氢弹的比威力随其重量的增加而增加。20世纪60年代中期，大型氢弹的威力已达到了很高的水平。小型氢弹则经过了60年代和70年代的发展，威力也有了较大幅度的提高。但一般认为，无论是大型氢弹还是小型氢弹，它们的威力似乎都已接近极限。在实战条件下，氢弹必须在核战争环境中具有生存能力和突防能力。因此，对氢弹进行抗核加固是一个重要的研究课题。此外，还必须采取措施，确保氢弹在贮存、运输和使用过程中的安全。

在某些战争场合，需要使用具有特殊性能的武器。至80年代初，已研制出一些能增强或减弱某种杀伤破坏因素的特殊氢弹，如中子弹、减少剩余放射性武器等。中子弹是一种以中子为主要杀伤因素的小型氢弹。减少剩余放射性武器亦称RRR弹，也属于一种以冲击波毁伤效应为主，放射性沉降少的氢弹。一枚威力为万吨级梯恩梯当量的RRR弹，其剩余放射性沉降可比相同当量的纯裂变弹减少一个数量级以上，因而被认为是一种较好的战术核武器。从总的趋势来看，对氢弹的研究，更多的注意力可能会转向特殊性能武器方面。

◎ **氢弹的特点**

氢弹比原子弹优越的地方在于：

（1）单位杀伤面积的成本低。

（2）自然界中氢和锂的储藏量比铀和钚的储藏量大。

（3）所需的核原料实际上没有上限值，这就使制造相当大梯恩梯当量的氢弹成为可能。

当然，氢弹也有自身的缺陷：

（1）在战术使用上有某种程度上的困难。

（2）含有氚的氢弹不能长期贮存，因为这种同位素能自发

进行放射性蜕变。

（3）热核武器的载具，以及储存这种武器的仓库等，都必须要有相当可靠的防护。

在历史上，轻核的聚变反应实际上比重核裂变现象还要发现得早，但氢弹却比原子弹出现得晚，第一颗氢弹在1952年才试制成功。而可控制的聚变反应堆由于障碍重重，至今仍是科学技术上尚未解决的一个重大问题，原因是要实现轻核聚变反应的条件比实现重核裂变的条件要困难得多。苏联曾经引爆过一个威力超强的氢弹，这颗氢弹的当量是5000万吨级，冲击波绕了地球4圈，核污染范围达4000公里，闪光在1000公里外都能看见，爆炸过后的蘑菇云高度是6万英尺。也就是说在苏联引爆的超级氢弹，在美国也能看到闪光，而且美国也会受到核辐射。这颗氢弹在4000多米高空引爆，范围比整个日本还大。1945年的原子弹小男孩曾经灭掉日本一个城市，如果当时氢弹已经诞生，那么今天的地球上可能就没有日本了。

中子弹

中子弹,亦称"加强辐射弹",是一种在氢弹基础上发展起来的、以高能中子辐射为主要杀伤力、威力为千吨级的小型氢弹,属于第三代核武器。它在爆炸时能放出大量致人于死地的中子,并使冲击波等的作用大大缩小。在战场上,中子弹只杀伤人员等有生目标,而不摧毁如建筑物、技术装备等设备。"对人不对物"是它的一大特点。

中子弹一般是利用战机、飞弹或榴弹炮投射。但直到目前为止,中子弹尚未在实战中使用过。中子弹的研发技术始于20世纪50年代的美国,由劳伦斯·利弗莫尔核武实验室首先开发而成。美国正式生产中子弹是在卡特总统执政时期,1981年里根总统为了加强军备,下令生产长矛飞弹的中子弹头和203毫米榴弹炮的中子炮弹,并加紧研制155毫米榴弹炮的中子炮弹。203毫米榴弹炮的中子炮弹威力从1000吨到24吨梯恩梯当量可调,重约98公斤,长109厘米,直径20.3厘米。这种中子炮弹是目前全球当量最小的中子弹,可通过榴弹炮发射,其实用性显

第二章 核武器的分类及著名核武器

而易见。

由于中子弹和氢弹都是利用热核反应的原理制成的,所以我们可以把中子弹看成是一种经过改进的加强辐射的小型氢弹。中子弹的结构与氢弹相似,但它不是一种大规模的毁灭性武器,而是作为战术核武器设计的。它对建筑物和军事设施的破坏很有限,却能够对人造成致命的伤害。一颗1000吨级的中子弹在120米高空爆炸,离爆心2公里范围内的人员即使不会当即死亡,也会在一天到一个月后死于放射病。

中子弹和氢弹一样是靠氘氚聚变反应产生大量高能中子的。这些中子除在穿出中子弹壳体的过程中损失部分能量外,很大一部分成为核辐射的杀伤因素。由于中子弹用小型原子弹作为爆炸的"引信",所以,中子弹在爆炸时还有一定的放射性。从这个意义上讲,中子弹也并不是那种很"干净"的核武器。

◎ 中子弹的结构

中子弹的中心由一个超小型原子弹作起爆点火,它的周围是中子弹的炸药氘和氚的混合物,外面是用铍和铍合金做的中子反射层和弹壳,此外还带有超小型原子弹点火起爆用的中子源、电子保险控制装置、弹道控制制导仪以及弹翼等。

中子弹的内部构造大体分四个部分:弹体上部是一个微型原子弹扳机,其中心是一个引爆中子弹用的微型原子弹(只有几百吨的梯恩梯当量),用钚-239作为核原料,因为钚能比铀原料释放更多的中子,可使中子弹达到小型化;周围是高能炸药。下部中心是核聚变的心脏部分,称为储氚器,内部装有含氘氚的混合物。储氚器外围是

减少到1/3；在裂变扳机中加入少量氘氚混合物。中子弹爆炸过程大致如下：首先是化学炸药爆炸引发钚-239的裂变反应；然后钚-239的裂变反应引发"扳机区"氘氚混合物的聚变反应，产生大量高能中子，促进钚-239的裂变，放出更多中子并进一步提高"扳机区"的温度，此过程称为"中子反馈"，中子弹用的此种扳机称为"加强原子弹"；最后裂变反应产生的高温高压引发聚变材料区氘氚的聚变反应。

铍作为反射层可以把瞬间发生的中子反射击回去，使它充分发挥作用。同时，一个高能中子打中铍核后，会产生一个以上的中子，称为铍的中子增殖效应。这种铍反射层能使中子弹体积大为缩小，因而中子弹可做得很小。

中子弹引爆时，弹体上部的高能炸药最先引爆，给予中心钚球巨大压力，使钚的密度剧烈增加。当受压的钚球达到超临界状态时就会爆炸（裂变），产生强γ射线、X射线和超高压，以光速传播。弹体下部的高密度聚苯乙烯吸收了强γ

聚苯乙烯。中子弹的外层被铍反射层包着，而没有一般氢弹所具有的铀-238外壳，这样高能中子便可自由逸出，同时放射性污染的范围也相对比较小。

◎ 中子弹的原理

中子弹扳机的特点是利用较少的裂变材料就能放出较多能量以满足氘氚聚变反应所需的高温。一般说来，其技术关键是：用临界质量小的钚-239代替铀-235，使装料

第二章 核武器的分类及著名核武器

射线和X射线后,会很快变成高能等离子体,使储氚器里的含氘氚混合物承受超高温高压,引起氘和氚的聚变反应,从而释放出大量高能中子。这些高能中子到达弹体外部的铍反射层后,会立即反射回来,并产生铍的增殖效应,即一个高能中子击中铍核后,会产生一个以上的中子,从而有利于氘和氚发生更完全的聚变反应。铍的这种增殖效应,使得中子弹的体积大为缩小,一般直径只有200毫米,弹长560毫米,中子弹的爆炸能由聚变反应产生,并主要以中子流的形式向四周释放。在其爆炸过程中,中子流的能量占总能量的80%左右,因此核污染较小,杀伤剂量较大。

中子弹能有效地杀伤人员和对付装甲集群目标,其对建筑物和武器装备的破坏作用很小,放射性沾染也很轻,适合于本土防御作战使用。鉴于中子弹具有的这一特性,如果广泛使用中子武器,那么战后城市也许将不会像使用原子弹、氢弹那样成为一片废墟,但人员伤亡却会更大。

◎ **中子弹的特点**

中子弹的特点是:爆炸时核辐射效应大、穿透力强,释放的能量不高,冲击波、光辐射、热辐射和放射性污染比一般核武器小。

(1)中子弹靠其强大的核辐射效应达到其杀伤效果

中子弹的体积虽然不大,威力却相当惊人,它能够产生致命的中子雨,用强烈的中子辐射杀伤战场上的生命体,以一枚千吨级梯恩梯当量的中子弹来说，其核辐射对人的瞬间杀伤半径可达800米，但其冲击波对建筑物的破坏半径只有300~400米，因此一方面它可瞬间摧毁敌方人员，另一方面又可使战区建筑物和设施的破坏降至最低。据试验，一颗1000吨梯恩梯当量的中子弹在旷野爆炸后，在距离爆炸中心900米处的中子辐射剂量可达8000拉德，它能贯穿厚度为20~30厘米的坦克装甲或50厘米的钢筋混凝土堡垒，杀伤其中的人员。遭到中子辐射污染的人员，短时间内即会感到恶心，丧失活动能力，以后会相继发生呕吐、腹泻、发烧、便血等症状，有的会出现程度不同的休克，或白血球显著下降，

导致败血症，在几天之内死去。根据多年来对中子弹的试验和研究，如果当量为1000吨TNT的中子弹作用于暴露的人员身上，那么中子弹的杀伤效应为：距爆炸中心900米处，吸收的剂量为8000拉德，人员即刻永久性失去活动能力；距爆心1400米处，吸收剂量为650拉德，会造成后期死亡；距爆心1700米处，吸收剂量为150拉德，受辐射者约有10%会数个月内死亡。

（2）中子弹的杀伤原理是利用中子的强穿透力

由质子和中子组成的原子核，其质子带正电，中子不带电，中子从原子核里发射出来后，它不受外界电场的作用，穿透力极强。在杀伤半径范围内，中子可以穿透坦克的钢甲和钢筋水泥建筑物的厚壁，杀伤其中的人员。中子穿过人体时，会使人体内的分子和原子变质或变成带电的离子，引起人体内的碳、氢、氮原子发生核反应，破坏细胞组织，使人发生痉挛、间歇性昏迷和肌肉失调，严重时会在几小时内死亡。

第二章　核武器的分类及著名核武器

（3）中子弹爆炸后释放的能量低

当核武器的当量增大到一定程度时，冲击波、光辐射的破坏半径就必定会大于核辐射的杀伤半径，所以中子弹的当量不可能太大。正是因为中子弹爆炸时释放的能量比较低，它可以作为战术核武器应用于战场上，也正因为如此，中子弹才比其他核武器具有更大的实用价值。

（4）中子弹的放射性污染小、持续时间短

由于引爆中子弹用的原子弹的裂变当量很小，所以中子弹爆炸后造成的放射性污染也很小。据报道，美国研制的中子炮弹和中子弹头的聚变当量约占50%到75%，因此中子弹爆炸时只有少量的放射性沉降物。在一般的情况下，经过数小时到一天的时间，中子弹爆炸中心地区的放射性污染就会大量消散，人员即可进入并占领该地区。

◎ **中子弹的防护**

虽然中子弹所发出的核辐射来无影、去无踪，而且看不见、摸不着、听不到、闻不出，但这并不代表人们面对中子弹只能坐以待毙，根据中子弹的杀伤原理，人们还是有办法对付的。从防护原理上来看，像水、木材、聚乙烯塑料等物质对吸收中子有不错的效果，例如把铅和硼加入含氢的聚合材料中，可以阻挡部分的辐射，增加防护能力，减少对人员的伤害。另外据试验，4～6厘米厚的水可将中子的辐射强度减少到一半，只要构筑一定

的作战工事并进行适当的防护，人体受到中子弹的伤害将会大大减少。在一些紧急情况下，当发现中子弹的闪光后，暴露的人员应迅速进入工事，或利用地形地物如崖壁、涵洞等进行遮蔽，这样也能在一定程度上减少中子的吸收剂量。

苏联的军事专家曾设计在坦克的装甲中间加上特殊的夹层，用以抵御中子弹的中子辐射，据说4厘米厚的涂层就可以使坦克的防护能力提高到原来的4倍。但即使采取上述措施，也难以将中子弹的辐射杀伤效应降低到原子弹的水平。中子弹的当量一般比较小，威力多为1000吨TNT当量，引爆用的原子弹更小。这种小型化使得中子弹的制造难度加大，因此仅仅掌握原子弹的研制生产能力还不够，还必须要具备小型化技术，但一般来说具备了发展氢弹核武器的能力，也就相应地具有了研制中子弹的能力了。

第二章 核武器的分类及著名核武器

电磁脉冲弹

电磁脉冲弹是利用核爆炸能量来加速核电磁脉冲效应的一种核弹。它产生的电磁波可烧毁电子设备，造成大范围的指挥、控制、通信系统瘫痪，将会在未来的"电子战"中大显身手。

电磁脉冲武器号称"第二原子弹"，世界军事强国电磁脉冲武器开始走向实用化，对电子信息系统及指挥控制系统及网络等构成了极大威胁。常规型的电磁脉冲炸弹已经爆响，而核电磁脉冲炸弹——"第二原子弹"正在向人类逼近。

◎ 电磁脉冲弹的分类

目前电磁脉冲武器主要包括非核电磁脉冲弹和核电磁脉冲弹：

非核电磁脉冲弹是利用炸药爆炸压缩磁通量的方法产生高功率微波的电磁脉冲武器。微波武器可使敌方武器、通讯、预警、雷达系统设备中的电子元器件失效或烧毁，导致系统出现误码、记忆信息抹掉等。强大的高功率微波辐射会使整个通讯网络失控，甚至能够提前引爆导弹中的战斗部或炸药。

核电磁脉冲弹是一种以增强电磁脉冲效应为主要特征的新型核武器。核电磁脉冲是核爆炸产生的强电磁辐射，它的破坏力十分巨大。在一些国家的核试验中，核电磁脉冲能量侵入电子、电力系统，烧断电缆、烧坏电子设备的事例也屡见不鲜。高空核爆炸产生的电磁脉冲危害，比地面和地下核爆炸更大。

◎ 电磁脉冲弹的原理

电磁脉冲武器能杀伤人员。当微波低功率照射时，可使导弹、雷

达的操纵人员、飞机驾驶员以及炮手、坦克手等的生理功能发生紊乱,出现烦躁、头痛、记忆力减退、神经错乱以及心脏功能衰竭等症状;当微波高功率照射时,会导致人的皮肤灼热,眼患白内障,皮肤内部组织严重烧伤甚至致死。苏联的研究人员曾用山羊进行过强微波照射试验,结果1公里以外的山羊顷刻间死亡,2公里以外的山羊也因丧失活动功能而瘫痪倒地。

电磁脉冲是短暂瞬变的电磁现象,它以空间辐射形式传播。透过电磁波,可对电子、信息、电力、光电、微波等设施造成破坏,可使电子设备半导体绝缘层或集成电路烧毁,甚至设备失效或永久损坏。

现实中见过原子弹爆炸的人很少,但是,几乎人人都见过"第二原子弹"爆炸,这种爆炸就是自然界的雷电和静电现象。雷电、静电形成的电磁辐射和太阳、星际的电磁辐射以及地球磁场和大气中的电磁场类似,只是所产生的爆炸有大小区别,其基本原理都是一致的。

第二章 核武器的分类及著名核武器

此外,"第二原子弹"的爆炸中还有人为现象,即人为产生电磁辐射源的电磁辐射。

随着科学技术的发展,电气设备大量普及,如电视发射台、广播发射台、无线电台站、航空导航系统、雷达系统、移动通信系统、高电压送变电系统、大电流工频设备和轻轨、干线电气化铁路系统等。总之,一切以电磁能应用进行工作的工业、科学、医疗、军用的电磁辐射设备,以及以电火花点燃内燃机为动力的机器、车辆、船舶、家用电器、办公设备、电动工具等,都会产生不同频率、不同强度的电磁辐射。其中,大部分是电磁脉冲辐射。

现代战场的电磁环境是各种电磁能量共同作用的复合环境,既有自然电磁干扰源,如雷电、静电等,又有强烈的人为干扰源,如各种功率的雷达、无线电通信、导航、计算机以及与之对抗的电子战设备、新概念电磁武器等。因此,战场电

磁环境比平时要复杂得多,高技术条件下的战场电磁环境效应主要由各类电磁脉冲场构成。

如此说来,电磁脉冲灾害也可分为自然的和人为的两大类。和平时期,各种自然和人为的电磁脉冲危害时时发生。全球每年因雷电电磁脉冲导致信息系统瘫痪的事故频繁发生,从卫星通信、导航、计算机网络乃至家用电器都会受到雷电灾害的严重威胁,例如仅上海市1999年因雷电造成的损失就超过了2亿元。

由于大气的衰减作用,高空核爆炸产生的热、冲击波、辐射等效应对地面设施的危害范围都不如电磁脉冲效应大,100万吨当量的核武器在高空爆炸时,总能量中约万分之三的能量都以电磁脉冲的形式辐射出去了。随着核技术的发展,发达国家已研制出了核电磁脉冲弹,它增强了电磁脉冲效应,而削弱了冲击波、核辐射效应,电磁脉冲的破坏力明显增大。

◎ **电磁脉冲弹的目标**

电磁脉冲炸弹的打击目标与传统原子弹有很大不同。它的攻击目标有三类:

第二章 核武器的分类及著名核武器

（1）军用和民用电子通信和金融中心，如指挥部、军舰、通信大楼和政府要地等。

（2）防空预警系统。

（3）各类导弹和导弹防护系统。

◎ **电磁脉冲弹的防护**

美国和苏联在研究和发展电磁脉冲武器时，都十分重视武器装备电磁环境效应和防护加固技术的研究。1979年，美国总统卡特发布命令，强调核电磁脉冲的严重威胁，要求每开发一种武器都必须考虑电磁脉冲防护能力。为此，美国在新墨西哥州科特兰、亚利桑那州等地建立了十余座电磁脉冲场模拟器。近些年台湾军方在强化电子战攻击能力时，也很重视电磁脉冲防护的研究。据台湾媒体披露，台"国防部"2001年投资了7.8亿元新台币，用于"电子战及资讯战装备"规划，其中包括"资安计划"与"脉护计划"。"脉护计划"主要针对的是来自于对手的电磁脉冲武器"硬杀伤"，以防护台军重要军事设施、战略民用设施和"政府"重点建筑设施等。

从20世纪60年代起，一些国家就开始了核电磁脉冲特性研究，并陆续取得了一定进展。但是，对电磁防护的研究基本都还停留在电磁兼容范畴内，未能重视电磁脉冲防护。至今，这些国家的绝大多数军用、民用电子设备仍未采取电磁脉冲防护措施，有的甚至无任何强制性出厂检验标准和设施，其整体水平至少落后美国和俄罗斯20年左右。这就意味着这些国家在军事强国电磁脉冲武器的打击面前，等于敞开了大门。一旦这些国家的政府机构、金融中心、通信网络、广播电视等事关国计民生的重要系统和军事设施受到了强电磁脉冲打击，就会不可避免地出现大范围瘫痪或损坏，国民经济和社会秩序将难以正常运行。

伽马射线弹

伽马射线炸弹介于核武器和常规武器之间，威力巨大。

◎ **伽马射线弹的原理**

伽马射线弹的工作原理是令某些放射性元素在极短的时间内迅速衰变，从而释放出大量的伽马射线，但又不引起核裂变或核聚变。它不会像核炸弹那样造成大量的放射性尘埃，但是它所释放的伽马射线的杀伤力比常规炸弹高数千倍。就拿利用铪的衰变特性制造的炸弹来说，1克铪元素所包含的能量相当于50公斤的梯恩梯炸药，而且铪炸弹还不需要像核弹那样必须用足够多的质量来达到临界状态。因此，伽马射线炸弹技术完全能够开发出质量和体积更小、威力更加巨大的弹头。

伽马射线（即γ射线）的波长小于0.001纳米，由于这种波长非常短，频率高，因此具有非常大的能量。高能量的伽马射线对人体的破坏作用相当大，射线一旦进入人体内部，就会与人体细胞发生电离作用，电离所产生的离子能侵蚀复杂的有机分子，如蛋白质、核酸和酶等，而这些分子都是构成活细胞组织的主要成分，一旦它们遭到破坏，就会导致人体内的正常化学过程受到干扰，直至细胞死亡。

伽马射线弹除杀伤力大外，还有两个突出的特点：

（1）伽马射线弹无需炸药引爆

一般的核弹都装有高爆炸药和雷管，所以贮存时易发生事故。而伽马射线弹则没有引爆炸药，所以平时贮存要安全得多。

（2）伽马射线弹没有爆炸效应

进行这种核试验不易被测量到，即使在敌方上空爆炸也不易

第二章 核武器的分类及著名核武器

被觉察,因此伽马射线弹是很难防御的。

◎ **伽马射线弹的威力**

伽马射线弹爆炸后尽管各种效应不大,也不会使人立刻死去,但能造成放射性沾染,迫使敌人离开。所以它比氢弹、中子弹更高级,更有威慑力。与其他核武器相比,伽马射线弹的威力主要表现在以下两个方面:

(1)伽马射线的能量大

由于伽马射线的波长非常短,频率高,因此具有非常大的能量。高能量的γ射线对人体的破坏作用相当大,当人体受到γ射线的辐射剂量达到200~600雷姆时,人体造血器官(如骨髓)将遭到损坏,白血球严重减少,出现内出血、头发脱落等症状,在两个月内死亡的概率为0~80%;当辐射剂量为600~1000雷姆时,在两个月内死亡的概率为80~100%;当辐射剂量为1000~1500雷姆时,人体肠胃系统将遭破坏,发生腹泻、发烧、内分泌失调,在两周内死亡的概率几乎为100%;当辐射剂量为5000雷姆以上时,可导致中枢神经系统遭到破坏,发生痉挛、震颤、失调、嗜眠,在两天内死亡的概率为100%。

(2)伽马射线的穿透本领极强

伽马射线是一种杀人武器,它比中子弹的威力大得多。一般来说,核爆炸(比如原子弹、氢弹的爆炸)的杀伤力量由四个因素构成:冲击波、光辐射、放

射性沾染和贯穿辐射，其中，贯穿辐射主要由强γ射线和中子流组成。

由此可见，核爆炸本身就是一个γ射线光源。通过结构的巧妙设计，可以缩小核爆炸的其他硬杀伤因素，使爆炸的能量主要以γ射线的形式释放，并尽可能地延长γ射线的作用时间（可以为普通核爆炸的3倍），这样制造出来的核弹就是伽马射线弹。

中子弹以中子流作为攻击的手段，但是中子的产额较少，只占核爆炸放出能量的很小一部分，所以杀伤范围只有500~700米，一般作为战术武器来使用。而伽马射线的杀伤范围，据说为方圆100万平方公里，相当于以阿尔卑斯山为中心的整个南欧。因此，它是一种极具威慑力的战略武器。

感生辐射弹

　　感生辐射弹是一种加强放射性沾染的核武器,主要利用中子产生感生放射性物质,在一定时间和一定空间上造成放射性沾染,达到阻碍敌军和杀伤敌军的目的。感生辐射弹实际上是一种战场吓阻和威慑武器,也是中子弹的衍生武器。美国的核物理专家布拉德·尼克博克博士指出:中国早在1995年就已经秘密研制完成感生辐射弹,仅比美国的同类"感生辐射弹"稍晚了五年时间,如果这种武器用于实战的话,那么在未来的台湾战役中美国的航母舰队必须远离作战区域。

　　感生辐射弹爆炸时,不仅能杀伤人员,而且对周围建筑物、工厂设备等的破坏范围也很大,所以使用这种武器会造成一些不必要的额外破坏。同时,由于核爆炸所造成的严重放射性污染,使己方部队不能迅速进入被炸地区,因而从军事价值来衡量,这样的战术武器并不理想。自从1977年6月美国政府宣布批准研制中子弹以来,中子弹便以它特殊的性能引起了世界各国的广泛重视。

中子弹一般用当量很小的原子弹作为引爆装置，用铍作中子反射层，用氘氚作为核装料。与普通核武器（原子弹和氢弹）相比，中子弹有自己的特点：它将一般核武器中占总能量85%的冲击波和光辐射能量降至60%，而将一般核武器中5%的瞬时贯穿辐射提升到40%，而在一般核武器中占总能量10%的放射性污染对中子弹而言几乎可以忽略了。也就是说，中子弹爆炸时，冲击波、光辐射、放射性沾染的杀伤破坏作用比一般氢弹小得多，但中子、射线对人员的杀伤作用却大大加强了。其中的主要原因就是中子弹爆炸时放出了大量的高能量的中子。

感生辐射弹爆炸时所释放出来的高速中子流可以穿透1英尺厚的钢板，可以毫不费力地穿透坦克装甲、掩体和砖墙，杀伤包括坦克乘

员在内的有生力量，而对建筑物和设施、装备的破坏却又很有限。

感生辐射弹放出的中子流照射到人和其他生物体后，可以直接贯穿到细胞原子核附近的深处，轰击肌体中氮原子核和氢原子核，使之发生核反应，产生有放射性的质子和粒子（这个过程即感生放射性），这些放射性质子和粒子可以使人体组织内的原子发生电离。人体组织

内的原子受到电离后,便会引起细胞和各种器官的生理机能失调,出现一系列不良反应,其中白血球质变、睾丸和眼睛晶状体损伤尤为明显且累计效应较强,特大剂量照射时甚至能致人死亡。例如美国研制的中子弹据说可以使200米范围内的任何生命死亡,而在800米内的人员如不遮蔽就会在5分钟内失去活动能力,一两天内即死亡。不过,中子弹对周围物体的破坏半径仅有200米,而一枚梯恩梯当量为5万吨的普通核弹头对周围物体的破坏半径却可达2200米。

感生辐射弹之所以能成为具有特殊战斗威力的战术核武器,首先是因为物理学家们对中子的性能进行了研究,发现中子质量与质子相近,比电子质量大1800多倍,但中子不带电。当高速中子流向原子核冲击时,穿透电子层的能力强,容易接近原子核,使原子核发生人为的转变。其次,物理学家对裂变反应和聚变反应进行了分析比较后发现:相同质量的核燃料在进行反应时,聚变反应产生的中子数是裂变反应的20多倍;释放同样多的能量时,聚变反应放出的中子数是裂变反应的近20倍;裂变反应的产物会造成严重的放射性污染,而聚变反应的产物氦核是稳定核,不形成放射性污染。不过,热核聚变反应必须依靠裂变反应创造条件,因而中子弹实际上也不是很"干净"的。

冲击波弹

冲击波弹是以冲击波效应为主要杀伤破坏因素的特殊性能氢弹，又称弱剩余辐射弹，它采用了慢化吸收中子技术，减少了中子活化削弱辐射的作用。冲击波弹的杀伤破坏作用与常规武器相近，能以地面或接近地面的核爆炸摧毁敌方较坚固的军事目标等。它爆炸后，部队可迅速进入爆炸区投入战斗，因而作战运用十分方便。与中子弹正相反的是，冲击波弹在核爆炸时冲击波效应增强了，而核辐射效应却削弱了。与三相弹相比，冲击波弹的显著特点是降低了剩余放射性沉降的生成量，所以它的确切名称应为减少剩余放射性弹，或简称RRR弹。

美国1956年便进行了旨在降低放射性沉降的氢弹试验。1980年，美国宣布研制成功冲击波弹，并称这种核弹的放射性沉降要比同威力纯裂变武器低一个数量级以上，且光辐射效应的破坏作用也显著减少。

冲击波弹的内核（扳机）是低当量小型原子弹，外壳采用硼或含氢的材料作为反射阻尼层，使原子弹裂变反应放出的中子减速并被硼或氢吸收而转化成冲击

波和光辐射,从而使冲击波(超压)成为主要杀伤破坏因素。在美国核武库中,已经装备了一定数量的冲击波弹。

冲击波弹是一种战役战术核武器,用于攻击战役、战术纵深内重要目标,例如地面装甲车队;集结到部队、飞机跑道、港口、交通枢纽、电子设施,也可炸成大弹坑或摧毁重要山口通道以阻止敌军前进。

以对人员杀伤为例,冲击波效应主要以超压的挤压和动压的撞击,使人员受挤压、摔掷而损伤内脏或造成外伤、骨折、脑震荡等。一枚1000吨级当量核弹头在低空(60~120米)爆炸时,人员致死和重伤立即丧失战斗力的范围分别是260米和340米。

红汞核弹

　　红汞核弹是一种小型化的战术核武器，是一种核聚变武器，它用锑氧化汞作为中子源，相对于一般氢弹使用原子弹的中子源体积大大减少，且热核聚变没有临界质量的限制，使整个核弹体积变得很小，重量很轻。一般小型的红汞核弹可能只有一个棒球大小，但爆炸当量可达万吨，能轻易地将数个街区的数千人杀死。据说这种核弹最初是苏联研制的，美国一直怀疑恐怖分子手中持有的所谓的"手提箱核弹"就是红汞核弹的一种。

　　由于美国军方加快了钻地核弹的研制和开发，未来战争有可能从陆地引伸到地下，中国军方和政府高层出于国家安全的考虑，现正在全面起动中国钻地核弹反击的研制与威慑，"红汞核弹"是非常适合用于钻地核弹的应用，但离实战还需要很长一段时间。

　　不过目前还没有任何国家宣称拥有此种核武器，因此此种核武器是否真实存在，还有待进一步考证。

第二章 核武器的分类及著名核武器

三相弹

三相弹也称"氢铀弹"。它是一种以天然铀作外壳，放能过程为裂变-聚变-裂变三阶段的氢弹。普通的氢弹是在原子弹外面包一层热核材料（氘、氚），通过重核裂变触发轻核聚变，我们姑且称它是"二相弹"。而三相弹是在普通氢弹外再包一层贫铀（铀-238）材料。铀-238这种用于坦克装甲和穿甲弹的廉价材料虽然平时很安分，但当氢弹发生核聚变时会产生大量高能中子，铀-238的铀核会引起裂变，产生出能量和裂变中子，前者增强了杀伤威力，而后者反过来冲击氢弹中的锂-6材料，制造出新的氚，加剧新一轮的热核聚变，接下来的良性循环不用再多说了。可见其原理是核裂变-核聚变-核裂变三个过程，所以叫三相弹。它的出现使普通二相弹的威力得到了成倍提高。

三相弹也称氢铀弹，爆炸时先由中心的铀-235或钚-239裂变产生超高温，在这条件下氘和氚（均为氢的同位素）进行热核反应，如同氢弹一样释放出巨大能量，产生大量快速冲击中子，其速度超出每秒五万千米，能量很大。在如此快速中子的轰击下，铀-235或钚-239的原子核即发生裂变反应，从而获得氢弹和原子弹的双重爆炸威力。同时，这种爆炸于地面形成的放射性污染也很严重，从杀伤力的角度来说更加具有威慑力。所以，目前氢铀弹的破坏力为核弹之首。

打个通俗的比方，有个叫原子弹的家伙穿上件热核材料做的马甲就成了氢弹，后来又在外面套上件贫铀材料（铀-235或钚-239）做的防弹马甲就改叫三相弹了。

三相弹是为增大威力而产生的，现在不大流行过大威力核弹了。而且因为要经历两次裂变，三相弹威力中差不多有一半是来自裂变的，所以造成的放射性沾染严重，是典型的不环保的"脏弹"。

1954年2月28日，美国在马绍尔群岛的比基尼环礁上进行了一次威力约为1500万吨梯恩梯当量的三相弹试验。由于是地面核爆炸，爆后在南太平洋7000平方海里（约24000平方千米）地区的上空笼罩了致命的放射性雾，使得236名马绍尔群岛居民，31名美国人，以及23名日本渔民受到意外的放射性伤害，其中还有1名日本渔民于当年9月死亡。同年，美国试爆了另一枚代号为MK-17的氢弹，也是一枚三相弹，弹长7.47米，重21.103千克，威力约1100万吨梯恩梯当量。这两次三相弹试验引起了美国对研制"干净"氢弹（裂变份额很小的氢弹）的关注。通常，三相弹的裂变份额随威力的增大而缓慢减小。当威力为几百万吨梯恩梯当量或更高时，裂变份额大都在50%左右。

三相弹的运载工具一般是导弹或飞机。为使武器系统具有良好的作战性能，要求三相弹自身的体积小、重量轻、威力大。因此，比威力的大小是三相弹技术水平高低的重要标志。当基本结构相同时，三相弹的比威力随其重量的增加而增加。

20世纪60年代中期，大型三相弹的比威力已达到了很高的水平。小型三相弹经过了60年代和70年代的发展，比威力也有较大幅度的提高。但一般认为，无论是大型三相弹还是小型三相弹，它们的比威力似乎都已接近极限。在实战条件下，三相弹必须在核战争环境中具有生存能力和突防能力。因此，对三相弹进行抗核加固是一个重要的研究课题。此外，还必须采取措施，确保三相弹在贮存、运输和使用过程中的安全。

第三章　核武器的威力

>>>

2010年8月6日，是日本广岛遭受原子弹袭击60周年的日子，成千上万人赶到日本西部广岛和平中心，纪念60年前那可怕的一瞬间。原子弹爆炸的一瞬间夺去了数以万计的宝贵生命，也给幸存者带来了终生痛苦。溃烂的皮肤，疼痛的恶瘤，扭曲的面容……照片上看似美丽的蘑菇云带来的是巨大的光辐射、冲击波、早期核辐射和放射性沾染，瞬间摧毁成千上万的生命和建筑，爆炸过后的各种放射性影响也将伴随着大部分受辐射的人的一生。回顾当年遭受核武器袭击的惨痛历史，生在这个时代的人们应该珍惜现在的和平生活，不要再重蹈覆辙。

本章我们将为大家介绍关于核武器的四种杀伤因素，核武器所导致的损伤类型和伤情，核武器的杀伤范围，影响核武器杀伤作用的主要因素，对核武器损伤的防护措施等相关知识，帮助读者全面了解核武器的威力。

核武器四种杀伤因素

核爆炸瞬间产生的巨大能量,形成光辐射、冲击波、早期核辐射和放射性沾染四种杀伤破坏因素。前三种因素的作用时间均在爆炸的几秒至几十秒之内,故称为瞬时杀伤因素;而放射性沾染的作用时间长,可持续几天、几周或更长时间,因其放射性危害人员健康,因此也被称为剩余核辐射。此外,由核爆炸释放的γ射线使空气分子电离,形成核电磁脉冲,它的作用时间不到一秒钟,主要是破坏或干扰电子和电气设备,尚未发现对人畜有杀伤作用。

以在30千米高度以下大气层中的核爆炸为例,上述四种杀伤破坏因素在爆炸总量所占比例大致为:光辐射35%,冲击波50%,早期核辐射5%,放射性沾染10%。但由于核武器种类、当量和爆炸环境的不同,能量分配的比例会有很大的差异。例如中子弹的早期核辐射(主要是高能中子)的能量比例可高达40%～80%,其他杀伤因素的能量比例则显著降低。

◎ 光辐射的致伤作用

光辐射是在核爆炸时释放出的以每秒30万千米速度直线传播的一种辐射光杀伤方式。1枚当量为2万吨的原子弹在空中爆炸后,距爆心7000米的地方会受到比阳光强

13倍的光照射,范围达2800米。

光辐射可使人迅速致盲,并引起体表皮肤、粘膜等烧伤,称为直接烧伤或光辐射烧伤。受光辐射作用,因建筑物、工事和服装等着火引起的人体烧伤,称为间接烧伤或火焰烧伤。光辐射的致伤作用主要取决于光冲量的大小。光辐射烧伤有以下几个主要特点:

(1)烧伤部位的朝向性

光辐射的直线传播,使烧伤常发生于朝向爆心一侧,故有侧面烧伤之称。这样造成的烧伤创面界线比较清楚。

(2)烧伤深度的表浅性

光辐射作用时间的短暂,决定了烧伤深度的表浅。除近距离内可发生大面积深度烧伤外,多以Ⅱ度为主。即使发生Ⅲ度烧伤,也很少累及皮下深层组织。光辐射烧伤造成的创面深浅程度一般比较清楚。

(3)特殊部位烧伤的发生率高

①颜面、耳、颈和手部等身体暴露部位最容易发生烧伤。

②呼吸道烧伤:呼吸道烧伤是一种间接烧伤,是由于吸入炽热的空气、尘埃、泥沙、烟雾,甚至在燃烧环境中吸入火焰引起的。

③眼烧伤:光辐射性可引起眼睑、角膜和眼底烧伤。眼底烧伤亦称视网膜烧伤,是光辐射引起的特殊烧伤。若人员直视火球,则会通过眼睛的聚焦作用,使光冲量比入射光增大$10^3 \sim 10^4$倍,在视网膜上形成火球影像,引起烧伤。视网膜烧伤边界比轻度皮肤烧伤边界大3～4倍。

(4)闪光盲

核爆炸的强光刺激眼睛后,使视网膜上感

第三章 核武器的威力

光的化学物质——视紫质被"漂白分解",从而造成暂时的视力障碍,称为闪光盲。人员发生闪光盲后,会立即出现视力下降,眼发黑,"金星"飞舞,色觉异常,胀痛等;严重者出现头痛、头晕、恶心、呕吐等植物神经功能紊乱症状,但症状持续时间短,不经治疗,在爆后几秒到3～4小时即可自行恢复,不留任何后遗症。闪光盲的发生边界远远超过眼底烧伤,对于执行指挥、飞行、驾驶和观测人员的影响较大。

光辐射是核爆炸瞬间产生的几千万度的高温火球,向四周辐射的光和热、光辐射也称热辐射。光辐射的主要性质有:

(1) 能量释放

光辐射能量释放有两个脉冲。第一脉冲为闪光阶段,持续时间极短,所释放的能量仅为光辐射总能量的1%～2%,主要是紫外线。这一阶段不会引起皮肤损伤,但有可能引起视力障碍。第二脉冲为火球阶段,持续时间可达几秒至几十秒,所释放的能量占光辐射总量的98%～99%,主要是红外线和可见光,是光辐射杀伤破坏作用的主要阶段。

(2) 光冲量

光冲量是衡量光辐射杀伤破坏作用的主要参数。光冲量是指火球在整个发光的时间内,投射到与光辐射传播方向相垂直的单位面积上的能量,单位是焦耳/每平方米或焦耳/每平方厘米。

(3) 光辐射的传播

光辐射具有普遍光的特性,

在大气中是以光速呈直线传播的。传播中,因受到大气中各种介质的反射、散射和吸收光辐射的强度逐渐被削减,但能透过透明物体发生作用。

◎ 冲击波的致伤作用

冲击波损伤,简称冲击伤,是冲击波直接或间接作用于人体所造成的各种损伤。核爆炸形成的高温高压火球猛烈向外膨胀,压缩周围的空气层,形成一个球形的空气密度极高的压缩区。随着压缩区的迅速向外运动,其后形成一个球形的低于正常大气压的稀疏区。两个区域紧密相连,在介质中迅速传播,便形成了核爆炸的冲击波。

一枚3万吨当量的原子弹爆炸后,在距爆心投射点800米处,冲击波的运动速度可达200米/秒。当量为2万吨的核爆炸,在距爆心投影点650米以内,超压值大于1000克/平方厘米,可把位于该地区域内的所有建筑物及人员彻底摧毁。

1. 冲击波的主要性质

（1）冲击波的压力

冲击波的压力有超压、动压以及负压三种。压缩区内超过正常大气压的那部分压力称为超压;高速气流运动所产生的冲击压力称为动压;稀疏区内低于正常大气压的那部分压力称为负压。冲击波的杀伤破坏作用主要是由超压和动压造成的,而负压的作用较小。

（2）冲击波的传播

冲击波传播的规律与声波相同。压力越大,传播越快,最初速

第三章 核武器的威力

度可达每秒数公里。以后随着传播距离渐远,压力渐小,则速度渐慢,当压力降至正常大气压时,冲击波就变成声波而最终消失。

(3) 冲击波的作用时间

冲击波到达某一距离所需的时间,称为冲击波的到达时间;冲击波到达某一点,压力从开始上升到达峰值所需的时间,称为压力上升时间。超压持续作用的时间,称为正压作用时间。压力上升时间越短,正压作用时间越长,则杀伤破坏作用就越强,反之则越弱。

2. 冲击波损伤的类型

(1) 直接冲击伤

①超压和负压的直接作用:单纯的超压和负压作用一般不造成体表损伤,主要伤及心、肺、胃肠道、膀胱、听器等含气体或液体的脏器,以及密度不同的组织之间的连接部位。

例如:超压作用于体表后,一方面挤压腹壁,使腹压增高,膈隔上顶,下腔静脉血突然涌入心、肺,心肺血容量骤增;另一方面又压迫胸壁,使胸腔容积缩小,胸腔内压急剧上升。超压过后,紧接着负压作用,又使胸腔、腹腔扩张。这样急剧的压缩和扩张,使胸腔内发生一系列血液动力学的急剧改变,从而造成心、肺、血管的损伤。

②动压和抛掷撞击作用:即人体受冲击波的冲力作用后,获得加速度,发生位移或被抛掷过程,在移动和降落过程中与地面或其他物

体碰撞而发生的各种损伤。如肝、脾破裂，软组织撕裂，颅脑损伤，骨折，脱臼，甚至肢体离散。

（2）间接冲击伤

间接冲击伤指的是由于冲击波的作用，使各种工事、建筑物倒塌，产生大量高速飞射物，间接使人员产生的各种损伤。常见的间接冲击伤有挤压伤、砸伤、飞石伤、玻片伤、泥沙堵塞上呼吸道窒息等。

3. 冲击伤的临床特点

（1）多处受伤、多种损伤、伤情复杂：由于多种致伤因素（如超压和动压，直接作用和间接作用）几乎同时作用于机体，决定了冲击伤伤类和伤情的复杂性。中度以上冲击伤常是多处受伤，多种损伤，既有直接损伤又有间接损伤；既有外伤又有内脏损伤；既可能是单纯冲击伤，又可能复合烧伤和放射损伤。

（2）外轻内重、发展迅速：尤其是以超压作用为主的冲击伤，往往体表可能无伤或仅有轻微损伤，而内脏器官可能发生了严重损伤。重度以上的内脏损伤，因伤情

急剧发展，代谢失调，可迅速出现休克和心肺功能障碍，甚至导致伤员死亡。

◎ 早期核辐射的致伤作用

早期核辐射是核武器所特有的一种杀伤因素，又称贯穿辐射。当人体受到一定的剂量照射后，可能引起急性放射病，也可能发生小剂量外照射生物效应。

早期核辐射是在核爆炸最初十几秒内放出的中子流和γ射线。1枚当量2万吨的原子弹爆炸后，距爆心1100米以内的人员可遭到极度杀伤；1000吨级中子弹爆炸后，在距爆心1100米范围内的人员几周内会致死，在200米以内的人员则当即致死。电磁脉冲的电场强度在几千米范围内可达1~10万伏，不仅能使电子装备的元器件严重受损，还能击穿绝缘，烧毁电路，冲销计算机内存，使全部无线电指挥、控制和通信设备失灵。1颗5000万吨级原子弹爆炸后破坏半径可达190千米。

早期核辐射的主要性质：

（1）传播速度快

γ射线以光速传播；中子传播速度由其能量决定，最大可接近光速。

（2）作用时间短

核裂变和聚变中子以及氮俘获产生的γ射线作用时间不到半秒钟；裂变碎片γ射线，因碎片多为半衰期短，衰变快，又随火球、烟云上升，因此不论当量大小，早期核辐射对地面目标的作用时间多为十几秒钟以内。

（3）能发生散射

早期核辐射最初基本上呈直线传播，但在传播过程中与介质相碰撞可发生散射，运动方向呈杂乱地射向目标物。

（4）贯穿能力强，但能被介质减弱

早期核辐射的贯穿能力强，但在通过各种介质时均会因被不同程度吸收而减弱。各种物质对早期核辐射的减弱能力通常用物质的半减弱层表示。半减弱层是指早期核辐射减弱一半所需的物质的层厚度。不同物质对不同种类射线的减弱能力是不同的。

（5）产生感生放射性

土壤、兵器、含盐食品及药品中某些稳定性核素的原子核，能俘获慢中子形成放射性核素。这种放射性核素称为感生放射性核素，这种放射性叫感生放射性。

（6）早期核辐射量

早期核辐射量通常以吸收剂量表示，单位是戈瑞（Gy），中子量有时用中子通量表示，中子通量指的就是单位面积上的中子数。

◎ 放射性沾染的致伤作用

放射性沾染是蘑菇状烟云飘散后所降落的烟尘，对人体可造成照射或皮肤灼伤，以致死亡。1954年2月28日，美国在比基尼岛试验的1500万吨级氢弹爆后6小时，沾染区长达257千米，宽64千米，在此范围内的所有生物都会受到放射性沾染，在一段时间内缓慢死去或变成终身残废。

放射性沾染对人员的损伤有三种方式：

（1）外照射损伤

人员在严重沾染区停留，受到 γ 射线外照射剂量 >1Gy 时，可引起外照射急性放射病，是落下灰对人员的主要损伤。

（2）内照射损伤

落下灰通过各种途径进入体内，当体内放射性核素达到一定的沉积量时，可引起内照射损伤。

（3）β 射线皮肤损伤

落下灰直接接触皮肤，当剂量 >5Gy 时，可引起 β 射线皮肤损伤。

另外，在沾染区停留较久而又没有防护的人员，可能会同时受到以上三种方式的复合损伤。

第三章 核武器的威力

核武器损伤及伤情

◎ 伤类

核武器爆炸产生的四种杀伤因素，可以分别作用于人体，也可以同时或相继作用于人体，使人员发生不同类型的损伤，统称为核武器损伤。受单一杀伤因素作用后发生单一伤；同时或相继受两种或两种以上杀伤因素作用后，则可发生复合伤。所以核武器损伤的伤类是十分复杂的。

◎ 伤情

按损伤的严重程度来分，各类单一伤和复合伤可分为轻度、中度、重度和极重度四级（若分为轻、中、重度三级，则将极重度归入重度）。

发生轻度损伤的伤员，一般不会丧失战斗力，可不住院治疗，但要进行必要的医疗处理和照顾；发生中度损伤的伤员，一般会丧失战斗力，多需住院治疗，预后良好；发生重度损伤的伤员，将立即或很快丧失战斗力，经积极救治，预后较好，大部分可治愈；发生极重度损伤的伤员，当即丧失战斗力，按目前医疗水平，经大力救治，可部分治愈。伤后是否丧失战斗力或是否立即丧失，还因不同伤类、不同损伤部位而异。如发生放射损伤，大多不会很快丧失战斗力；而发生烧伤和冲击伤，特别是发生在特殊部位，则会很快丧失战斗力。例如眼烧伤后，虽然全身伤情不是很严重，却不能瞄准和观察。

核武器的杀伤范围和影响因素

核武器的杀伤范围是以杀伤边界、杀伤半径和杀伤面积来表示的。核爆炸时，由三种瞬时杀伤因素的作用而使人员发生现场死亡（阵亡）和损伤的地域，称为杀伤区。从地爆时的爆心或空爆时的爆心投影点到能发生不同程度杀伤（杀情）的距离称为杀伤半径，其最远处称为杀伤边界。通过杀伤半径可以计算出杀伤区的面积。这样就可以划出光辐射、冲击波和早期核辐射的单一杀伤范围和它们的综合杀伤范围。从爆心向外，由近到远，人员所受损伤的程度由重到轻，据此一般可

第三章 核武器的威力

将人员遭受杀伤的地域划分为极重度、重度、中度和轻度四个杀伤区。轻度杀伤区的边界也就是整个杀伤区的边界。101千吨以上核爆炸时以发生皮肤浅Ⅱ度烧伤的最远距离为其边界；101千吨以下核爆炸时以发生轻度放射病（>1.0Gy）的最远距离为其边界。

核武器的杀伤作用受多种因素的影响，概括起来主要有以下三个方面：

◎ 核武器的当量和爆炸方式

1. 核武器当量

当量不同，三种瞬时杀伤因素的单一和综合杀伤范围不同，发生的伤类和伤情也有很大差异。当量增大，总的杀伤范围随之增大。但三种瞬时杀伤因素的杀伤范围并非按比例增大的，其中光辐射增加最多，其次冲击波，而早期核辐射增加最少。

万吨以下当量核爆炸，以早期核辐射的杀伤半径最大，冲击波次之，光辐射最小。因此，对于开阔地暴露人员发生的主要伤类是单纯放射性病和放射复合伤。复合伤的发生比例，地爆时约占20%～80%；空爆时约占30%～100%。

万吨以上当量核爆炸，以光辐射的杀伤半径最大，冲击波次之，早期核辐射最小。且前两者随当量增大而迅速增大，而早期核辐射的增大甚少，一般不超过4千米。因此，随着当量的增大，对于开阔地面暴露人员发生的主要伤类如单纯烧伤和烧放冲复合伤、烧冲复合伤增多。

50万吨以上当量核爆炸时，因为现场死亡区域超过早期核辐射杀伤区域，所以造成的基本上均是单纯烧伤和烧冲复合伤。复合伤的发生比例，地爆时约占60%～90%，空爆时约占30%～50%。

2. 核武器爆炸方式

一般来讲，如当量相同，空爆的总杀伤范围大于地爆。但四种杀伤因素的杀伤范围又不尽相同，如烧伤和冲击伤的范围大小是空爆大于地爆，但近区内的伤情是地爆重于空爆；早期核辐射的杀伤范围是地爆大于空爆；对于放射性沾染来说，地爆时沾染地域较局限而严重，空爆时沾染地域广泛而较轻，即比高越大，沾染越轻。

◎ **人口密度和防护情况**

人口稠密、大部队集结地区遭到核袭击时，造成的伤亡必然严重。在杀伤区范围内，如近爆心区域人员密集，则发生复合伤和重伤的比例定会增加。

核袭击时，如人员准备得较为充分，且采取了有效的防护，则杀伤范围将比开阔地无防护的暴露人员大为缩小。而且，因避免或减轻了一种或几种杀伤因素的作用，单一伤发生的比例增多，而复合伤发生比例相应减少，伤情也明显减轻。

第三章 核武器的威力

◎ 自然条件

1. 气象条件

（1）大气能见度低的情况能减小光辐射和早期核辐射的杀伤半径。

（2）冰和积雪的反射能增强光辐射的作用。

（3）核武器在云层以上爆炸，云层的吸收会削弱光辐射和早期核辐射对地面的作用；在云层下爆炸，则会增强光辐射对地面的作用。

（4）雨、雪能加速落下灰沉降，减轻空气沾染而加重地面沉降局部沾染；地面沾染后下大雨冲刷或冰雪复盖，能降低地面剂量率。

（5）高空风风向能改变云迹区形状和沿横向的沾染分布；风速能改变热线方向的沾染分布。风越大，沾染地域扩大而均匀，近区的沾染程度普遍降低而远区相对升高。

（6）天气寒冷，大气密度增大，可缩短早期核辐射的杀伤半径。天寒穿着厚实，暴露部位减少，发生光辐射烧伤的几率也会明显减少。

2. 地形地物

（1）丘陵、山地、建筑物等的正斜面，因冲击波反射再压缩而增强作用；而反斜面可避免或减轻三种瞬时杀伤因素的作用。

（2）低于地面的凹地、弹坑、涵洞、沟渠等均能削弱三种杀伤因素的作用；但山谷通道如遇冲击波的合流则可加重杀伤效应。

对核武器损伤的防护

核武器虽然具有巨大的杀伤破坏作用，但也具有局限性和可防性，只要掌握其致伤规律，做好防护工作，就能避免或减轻核武器损伤。

对核武器的防护，从广义上讲，包括：战时积极摧毁敌人的核设施，拦截、摧毁来袭的核导弹和飞机，按防护要求步署和配置部队，组织城市人口疏散，构筑防护工事，研制和使用防护装备和措施，组织辐射侦察，组织抢救伤员，消除沾染，抢修被破坏的设施，采用医学手段防止或减轻核武器损伤等。

除采用军事手段摧毁敌人的核力量的积极防御外，在各种防护措施中，以工事防护为主，工事防护是最重要和最有效的措施。工事防护又以防冲击波为主，凡能防冲击波的防护，一般也能防其他杀伤因素。在整个防护中，医学防护是辅助性的，但它是卫生部门的重要工作，主要是预防放射损伤。

对核武器损伤的防护，内容广泛，任务艰巨，必须做到军队防护与人民群众防护相结合，医学防护与其他各种防护相结合，群众性防护与专业技术分队防护相结合，使用制式装备防护与开展简易防护相结合。军地实行统一指挥领导，组织协同，人力物力上互相支援；既放手发动群众，又发挥专业分队的骨干作用；既要充分利用现有技术装备器材的优势，又要能因地制宜发挥简易防护措施的作用。

◎ 核武器的可防性和难防性

1. 核武器的可防性

光辐射和普遍光一样，呈直线传播，有方向性，且作用时间短暂。因此，凡能挡住光线的物体，均能削弱或屏蔽光辐射的作用。

第三章 核武器的威力

冲击波传播速度比光辐射慢，且动压是沿地面水平方向传播的。所以，发现闪光，应立即进入工事或合理利用地形地物，或卧倒缩小迎风面，均能有效减轻其杀伤作用。

早期核辐射贯穿能力很强，但能被一定厚度的土层或其他物体吸收而减弱。例如2米厚的土层就能削弱99.99%的核辐射。

放射性落下灰的沉降有一个时间过程，沉降时可以发现，沉降后可用仪器探测，且衰变又快，因此当发现闪光，尚有准备时间，或迅速撤离，或推迟进入沾染区，或采取简易有效的防护措施，这样就能避免或减轻落下灰对人体的作用。

2. 核武器的难防性

面对突然袭击的核爆炸，几乎在闪炮的同时或随即，人体就会受到三种瞬时杀伤因素的作用，人们往往来不及采取措施进行防护。

另外，光辐射经反射而增强；冲击波因反射或合流可增强，超压

无孔不入；早期核辐射因散射可改变作用方向。这些都增加了防护的难度。

城市遭受核袭击，顷刻间大面积的建筑物倒塌，发生大量伤亡，犹如大地震。加上火海一片，间接烧伤增多。人们在高温的废墟中熏烤，无法撤离，外部人员也难以进入抢救。

核爆炸使城市水源、电源、通讯、交通道路被破坏。医疗机构、设施的破坏和医护人员的伤亡，严重的放射性沾染，给开展防护和救治工作造成巨大困难。

在防护工作中，应全面辩证分析核武器的可防性和难防性，做好充分准备，采取各种措施，趋利避害，以提高防护效果。

◎ 对瞬时杀伤因素的防护

1. 个人防护

防护效果取决于防护动作的迅速、果断和正确。遇到核袭击，发现闪光时，应立即采取下列防护行动。

（1）进入邻近工事

发现闪光，立即进入邻近工事，注意避开门窗、孔眼，可避免或减轻损伤。在一次百万吨级氢弹空爆试验时，通过利用闪光启动，使动物在一定时间内先后进入工事，显示出了不同程度的防护效果。试验结果表明，进入工事越快，防护效果越好。

（2）利用地形地物

邻近无工事时，应迅速利用地形地物隐蔽，如利用土丘、土坎、沟渠、弹坑、树桩、桥洞、涵洞等，均有一定防护效果。例如，在一次百万吨级空爆试验中，隐蔽在120厘米高的土坎后和涵洞内的狗无伤活存，而开阔地面上的狗受到极重烧冲复合伤，于伤后第2到4天死亡。

（3）背向爆心就地卧倒

当邻近既无工事又无可利用的地形地物时，应背向爆心，立即就地卧倒。同时应闭眼、掩耳，用衣物遮盖面部、颈部、手部等暴露部位，以防烧伤，当感到周围高热时，应暂时憋气，以防呼吸道烧伤。

（4）避免间接损伤

室内人员应避开门窗玻璃和易燃易爆物体，在屋角或靠墙（不能紧贴墙壁）的床下、桌下卧倒，可避免或减轻间接损伤。

2. 简易器材防护

（1）服装装具

普通衣服、雨衣在一定范围内均能屏蔽或减轻光辐射烧伤。浅色（尤其是白色）、宽敞、致密、厚实的衣服要比深色、紧身、疏松、单薄的好；氯丁胶雨衣、防火布比普通衣服好。

（2）防护器材

①聚氯乙烯伪装网。

②利用核爆炸闪光作为光电启动形成水幕屏障，对光辐射有较好的防护作用。

③偏振光防护眼镜对光辐射所

致视网膜烧伤有很好的防护效果，可供观测、驾驶和执勤人员使用。

④戴坦克帽或将耳塞或棉花等柔软物品塞于耳内，均能减轻鼓膜损伤。

⑤用任何可以挡住射线的物体，如军用水壶等，遮盖身体躯干有骨骼的部位，可减轻核辐射对造血的损伤。

3. 大型兵器防护

装甲车辆、舰艇舱室等均为金属外壳，具有一定的厚度和密闭性能，能有效地屏蔽光辐射的直接烧伤，对冲击波和早期核辐射有一定的削弱作用，但若内部着火，则会引起间接烧伤。

4. 工事防护

工事防护是对核武器的各种防护中最重要、最有效的措施。工事可分为平时有计划地构筑的各种永备工事和临战时根据任务和条件构筑的各种野战工事两大类。

根据核武器杀伤破坏因素的特点，在工事构筑上应着重考虑：

（1）对光辐射的防护，主要取决于隐蔽区的大小及构筑材料的防燃性能。

（2）对冲击波的防护，主要取决于工事的抗压能力和消波密闭性能。

（3）对早期核辐射的防护，主要取决于工事构筑材料对核辐射的减弱能力和厚度。

（4）对放射性沾染的防护，主要取决于工事构筑材料对核辐射的减弱能力和厚度以及密闭性能。

综上所述，对核武器防护效果理想的工事，在构筑上必须要求有坚固的抗压防震强度，优良的消波密闭性能和足够的防护层厚度。各种工事均有不同程度的防护效果，但由于工事构筑材料、结构、形状、内部设施的不同，其防护效果也有明显的差异。

◎ 对放射性沾染的防护

1. 辐射侦察

辐射侦察是放射性沾染防护的重要措施。它的任务是利用辐射探测仪器实地查明地面沾染范围和剂量率分布、沾染区内各种物体和水源的沾染程度及其动态变化,并选择和标志通道等。辐射侦察由各级指挥员组织实施,通常由防化部队负责完成。卫生部门在辐射侦察中的主要任务是:

(1) 对救护所或医院等地区展开地域辐射侦察。

(2) 对进出沾染区人员进行剂量监测和沾染检查。

(3) 对食物、饮水和医疗器械、药品等的沾染检查,并提出能否使用的建议。

(4) 对疑有放射性内污染人员,测定其甲状腺、血尿、粪便的放射性,概略估算体内污染量,及时提出救治建议。

2. 外照射防护

(1) 战时放射性全身外照射控制量

战时核辐射控制量不同于平时辐射防护剂量限值。制定的要求是:受到这种剂量照射的人员,一般不影响作战能力,但可能产生一些轻微的放射反应,不需处理,在短期内即可自行恢复,且不会遗留明显的后患。从战时条件来看,是可以接受的,具体规定如下:

① 一次全身照射应控制在0.5Gy以内,在受到0.5Gy照射后的30天内,

第三章 核武器的威力

或受到0.5～1Gy照射后的60天内,不得再次接受照射。

②多次全身照射,年累积剂量应控制在1.5Gy以内,总累积剂量不得超过2.5Gy。

③由于军事任务的需要,必须超过上述规定的控制量时,由上级首先权衡决定,确定人员的照射剂量,并应采取相应的防治措施。

(2) 外照射防护措施

①缩短在沾染区通过和停留的时间:在保证完成任务的前提下,应尽可能缩短在沾染区停留的时间。必要时采取轮流作业法,控制个人受照射剂量。当需要通过沾染区时,应选择较窄的、道路平坦的、辐射级较低的地段通过;或乘坐车辆通过,缩短通过的时间。

②推迟进入沾染区的时间:进入沾染区越迟,地面辐射级越低,人员所受外照射剂量就越小。所以在条件许可时,人员应尽量推迟进入沾染区。

③利用屏蔽防护:人员在沾染区工作,应尽可能进入工事、民房、车辆、大型兵器内或利用地形地物

屏蔽防护，减少受照剂量。

④清除地表的污染物：在需要停留处及其周围，铲除5～10厘米厚的表层土壤，或用水冲、扫除等措施去除表层尘土，可降低所在位置的辐射级。实践证明，在开阔地域内，如铲除直径6米的圆面积的表层土壤，则中心位置的辐射级可降低一半以上。

⑤应用抗放药物：因任务需要而进入沾染区的人员，在有可能受到超过战时控制量的照射时，尤其有可能超过1Gy剂量时，应事先应用抗放药物。从沾染区撤出的人员，如已受到较大剂量照射者，也应尽早应用抗放药物，减轻辐射损伤。

3. 体表和体内沾染的防护

（1）战时放射性沾染控制量

①人员体表和物体表面的沾染控制量：早期放射性落下灰在人员体表或有关物体表面的沾染程度应控制在下面所列数值以下：

人体皮肤、内衣：β沾染程度$1×10^4 Bq/cm^2$，γ剂量率$40\mu Gy/h$；

手：β沾染程度$1×10^4 Bq/cm^2$；

人体伤面：β沾染程度$3×10^3 Bq/cm^2$；

炊具和餐具：β沾染程度$3×10^2 Bq/cm^2$；

服装、防护用品、轻型武器：β沾染程度$2×10^4 Bq/cm^2$，γ剂量率$80\mu Gy/h$；

建筑物、工事和车船内部：β沾染程度$2×10^4 Bq/cm^2$，γ剂量率$150\mu Gy/h$；

大型武器、装备：β沾染程度$4×10^4 Bq/cm^2$，γ剂量率$250\mu Gy/h$；

露天工事：β沾染程度$4×10^4 Bq/cm^2$，γ剂量率$250\mu Gy/h$。

（注：Bq，即贝可勒尔，简称贝克，是放射性活度单位）

②放射性落下灰食入控制量：早期放射性落下灰通过饮水、食物等进入体内的总量一般应不超过10MBq。

③放射性落下灰在空气中的控制浓度：人员在沾染区停留较长时间（数天）时，空气中早期放射性落下灰的起始浓度一般应控制在$0.4kBq·L^{-1}$以下。

（2）体表和体内沾染的防护措施

①使用防护器材：人员处在落

第三章 核武器的威力

下灰沉降过程中，或通过沾染区，或在沾染区内作业时，应根据沾染程度和当时条件，采取防护措施，或穿戴制式的个人防护服装，或利用就便器材，凡能挡灰或滤灰的器材对落下灰均有防护作用。例如戴口罩或用毛巾等掩盖口鼻，扎紧领口、袖口和裤口，戴上手套、穿上雨衣或披上斗篷，塑料布、床单等，脚穿高统靴，对于防止落下灰进入体内和沾染皮肤均有良好的效果。

②利用车辆、工事、大型兵器和建筑物进行防护。

③服用碘化钾：在进入沾染区前，每人口服碘化钾片100毫克。如事先未服用，在撤离沾染区后应立即补服。碘化钾可有效地减少放射性碘在甲状腺的沉积量。

④遵守沾染区的防护规定：指挥人员可以根据具体情况作一些必要的规定，例如：必须穿戴好相应的个人防护器材，不得随意脱下；尽可能减少扬尘，不得随地坐卧和接触污染的物品；不得在沾染区内吸烟、进食，饮水须用自带的清洁水；如在沾染区内停留时间较长，必须进食时，应选择沾染较轻的地域，在工事或帐蓬内进行，食用自带的清洁食品。

⑤洗消和除沾染：人员撤离沾染区后和对疑似沾染的物品在使用前，必须进行沾染检查，对超过控制值的应进行洗消和除沾染。

核污染导致基因变异

近年来，日本的东南海区出现了一种体型巨大的海蟹，这种巨蟹体宽约30厘米，如轿车的方向盘般大，而它那八条蟹爪和一对螯钳却又尖又长，伸展起来直径可达3米，最长的可达3.7米。这种巨蟹虽然体积庞大，动作却十分灵敏，无论在水中还是在海滩上，都令人防不胜防，因为它会主动攻击人，近些年来，已有百余游客和渔民丧生蟹爪。据日本生物学家调查研究分析，这种蟹是由蜘蛛蟹演变而来的。蜘蛛蟹原本个头不大，通常生活在3600米以下的深海区。近些年来可能是由于苏联多次在日本海倾倒核废料，使蜘蛛蟹受影响而发生急剧异变，个头不断增大，生性也变得愈加凶残。特别是在交配产卵期，它们会成群结队向浅海迁徙，此时便会对渔民和游客构成巨大威胁。

另外，在日本九州长崎东北50公里外的九州岛的一个偏僻山林内，人们还发现了一群为数只有几十个的怪人。这些人形象怪异，没有鼻子，双眼凸出如鸡蛋大，嘴部只有一条裂缝似的开口，四肢瘦长，科学家称他们为"昆虫人"。他们极可能是第二次大战末期，美国原子弹投落长崎的一些劫后余生者。因为受到核辐射感染，才使他们变成现今不似人形的怪物。他们就像一个全新的人种，核辐射破坏了他们的生育功能，不能繁殖下一代。他们的视力和说话功能几乎完全丧失，他们显得十分脆弱、无助和没有主见，真的就像昆虫般过着卑微可怜的生活。

第四章 核武器相关事件

实际上，不仅是原子弹的轰炸会造成很多严重的恶性后果，核污染、泄漏也会造成灾难，比如历史上著名的比基尼事件、乌拉尔存储罐核爆炸事件、三里岛核事故、切尔诺贝利核灾难、美国核武器事件，以及其他国家和地区发生的核污染、泄漏事件都给当地的人民造成了巨大的灾难。而且，这些出现核事故的地区由于得不到及时、有效的治理，核污染的影响一直持续很长时间，造成了很大的损失。而且，尽管和平人士一直呼吁禁止核武器的研制，却依然有一些抱有特殊目的的国家在秘密地研制核武器，被发现了以后依然态度强硬，这也成为了世界安全局势中一个很大的动荡因素。本章就为大家介绍一些历史上出现过的严重核污染事故，目前世界上的有核武器问题的两个国家——伊朗和朝鲜，美国史上重要的核武器事件，以及日本广岛和长崎遭轰炸前后的内幕。

第四章 核武器相关事件

世界核污染事件

◎ 三里岛核事故

1979年3月28日凌晨4时，在美国宾夕法尼亚州的三里岛核电站第2组反应堆的操作室里，人声鼎沸，一片慌乱。大量放射性物质在两个小时后大量溢出。直到6天以后，堆心温度才开始下降，蒸气泡消失——引起氢爆炸的威胁免除了，反应堆最终陷于瘫痪。美国民众在得知这一消息后无不震惊，核电站附近的居民更是惊恐不安，约20万人撤出这一地区。民众们纷纷举行集会示威，要求停建或关闭核电站。美国和西欧一些国家政府也不得不重新检查发展核动力的计划。

这次出人意料的核泄漏事件是由于二回路的水泵发生故障：前些天工人检修后未将事故冷却系统的阀门打开，致使这一系统自动投入后，二回路的水仍断流。当堆内温度和压力在此情况下升高后，反应堆就自动停堆，卸压阀也自动打开，放出堆芯内的部分汽水混合物。同时，当反应堆内压力下降至正常时，卸压阀由于故障未

能自动回座，使堆芯冷却剂继续外流，压力降至正常值以下，于是应急堆芯冷却系统自动投入，但操作人员却做出了错误的判断，关闭了应急堆芯冷却系统，停止了向堆芯内注水。以上种种管理和操作上的失误与设备上的故障交织在一起，使一次小的故障急剧扩大，最终造成堆芯熔化的严重事故。所幸的是在这次事故中，主要的工程安全设施都自动投入，加之反应堆有几道安全屏障（燃料包壳、一回路压力边界和安全壳等），没有人员伤亡，仅三位工作人员受到了略高于半年的容许剂量的照射。

总体来看，三里岛事故对环境的影响相对比较小，核电厂附近80千米以内的公众受到的辐射剂量不到一年内天然本底的百分之一。但这是美国第一起也是最严重的一起商业核事故，它改变了此后美国核工业的中心和方向，美国人民因此强烈呼吁政府停止建设核电站，并且自发地广泛宣传用原子燃料发电的危险。

◎ 广岛长崎遭原子弹轰炸

1945年4月，意大利宣布退出战争。5月8日，德国宣布无条件投降。第二次世界大战在欧洲已经以盟军的胜利宣告结束，世界人民观注的焦点转移到亚洲及太平洋战场，日本帝国主义已落入日暮途穷的困境之中。

1945年7月，杜鲁门、丘吉尔、

斯大林相聚德国的波茨坦，商议结束第二次世界大战的办法。7月26日，中、美、英三国发表《波茨坦公告》，向日军发出最后通牒，敦促其立即无条件投降。宣言说：如果日军仍不放下武器，日本武装力量将不可避免地被彻底消灭，日本国土也不可避免地化为焦土。日本人当时并没有意识到这一宣言意味着什么，更没有想到原子弹的阴影正在向他们袭来。

实际上，此时的日本已经深陷泥潭，不能自拔。在中国战场，1943年初，中国军民已转入攻势作战，各解放区不断扩大，日军只有招架之攻而无还手之力；在太平洋战场，盟军已攻占了菲律宾以及硫磺岛、冲绳岛等重要岛屿，战争日益向日本本土逼近。与此同时，苏联也在积极准备对日作战。然而，日本军国主义者对《波茨坦公告》置若罔闻，仍企图依仗尚存的400多万军队做最后的挣扎。日本军方的死硬分子在国内大肆进行战争动员，广泛搜罗炮灰，准备利用中国领土和日本本土作最后决战。

面对困兽犹斗的日本军国主义者，反法西斯同盟国认为：要使日本真正接受《波茨坦公告》，必须在战场上同日本法西斯做最后决战。

然而，美军虽然在太平洋战场上取得了一定的胜利，但在日军的顽强抵抗下也付出了巨大的代价。如果要对日本本土实施登陆作战，代价将更为惨重，而且战争可能要等到1945年底才能结束，这对于美国来说是很难接受的。况且苏联参战指日可待，美国在战争的最后阶段是不愿将胜利成果与他人分享的。因此，美国积极地策划在最短的时间以最小的代价战胜日本，迫其投降。此时，美国人便把希望寄托到了刚刚实验成功的两颗原子弹——"小男孩"和"胖子"身上。

1. "曼哈顿"绝密计划

1939年8月，美、英、法等国科学家和从纳粹德国逃出来的一些著名犹太科学家在美国召开了一次研究原子理论方面的会议。会议在爱因斯坦原子物理理论的基础上，提出了以铀裂变的方法制造原子弹的构想。

会议结束后，美国总统罗斯福的科学顾问亚历山大·萨克斯带着爱因斯坦等著名科学家的亲笔签名信拜见了罗斯福总统。信中，几位

第四章　核武器相关事件

观点。

一天，罗斯福请萨克斯与他共进早餐。萨克斯看总统这一天显得十分轻松，便说："总统先生，您对拿破仑如何评价？"

罗斯福不知他葫芦里卖的是什么药，便随便答道："算是一位英雄，他几乎征服了整个欧洲。""但他为什么没有征服英伦三岛呢？"总统停顿了一下没有回答。

萨克斯见时机成熟，便给总统讲述了当年拿破仑由于轻视美国发明家福尔敦建议的制造新式"气船"，代替法军装备的帆船攻打英国的方案，最终未能征服潮汐变化无常的英吉利海峡，从而被迫放弃征讨英

科学家向罗斯福总统介绍了当时原子科学发展的状况，描述了原子科学研究成果运用于军事可能会给战争带来的巨大影响，并提醒罗斯福总统，德国人已着手进行这方面的研究，也许有一天希特勒会拥有一种威力惊人的武器。

被当时纷繁复杂的国际形势搞得头昏脑胀的罗斯福并没有对这封信表现出多大兴趣。但萨克斯并未就此罢休，作为总统的科学顾问，他深感自己责任重大。一旦原子弹被德国人先搞出来，后果将不堪设想。他要想方设法让总统接受他的

国的故事。"我不会成为第二个拿破仑。萨克斯，你很走运。"反应一向敏锐的罗斯福马上把萨克斯带到自己的办公室，让他详细介绍了原子科学的研究成果及其应用前景。"原子弹的研制工作马上就开始进行！"听完萨克斯的介绍，罗斯福拍板下了决心。

陆军部长史汀生受命全权负责这项工作。他很快便成立了一个代号为"S-11"的特别委员会，其主要任务是进行原子弹研制的前期理论准备工作。由于第二次世界大战的爆发和战事的不断扩大，美国更加认识到了研制原子弹的必要性和迫切性。与此同时，英国也开始了这方面的研制工作。到1941年12月6日，美国正式制定了代号为"曼哈顿"的绝密计划。罗斯福总统赋予这一计划以"高于一切行动的特别优先权"。

"曼哈顿"计划的规模大得惊人。由于当时还不知道分裂铀-235的3种方法哪种最好，只得用3种方法同时进行裂变工作。这项复杂的工程成了美国科学的熔炉，在"曼哈顿"工程管理区内，汇集了以奥本海默为首的一大批来自世界各国的科学家。科学家人数之多简直难以想象，在某些部门，带博士头衔的人甚至比一般工作人员还要多，而且其中不乏诺贝尔奖得主。"曼哈顿"工程在顶峰时期曾经起用了53.9万人，总耗资高达25亿美元。这是在此之前的任何一次武器实验所无法比拟的。

为了保证新武器实验的安全，工程管理区内制定了非常严格的保密措施。所有邮件都要经过严格检查，来

往电话一律受到监听,工作人员的家属只知道他们唯一的通信地址:美国陆军邮政信箱1663号。参加研制的绝大多数人只了解自己的份内工作,而对其他工作一无所知。以致许多人到研制工作结束时还不知自己是在研制原子弹。

有趣的是,当时担任国会议员,后来继任美国总统的杜鲁门听到了一些关于"曼哈顿"计划的传闻。为了弄清"纳税人的钱花得是否值得",他曾试图调查工程区内"那些神秘的巨大建筑里到底在干什么?"然而他得到的回答是:"杜鲁门先生,最好停止您的调查,这样我们——包括罗斯福总统——都会感到很高兴的。"碰了软钉子的杜鲁门只好作罢。尽管他后来担任了美国副总统,对此事仍然一无所知。这一秘密对他一直保守到罗斯福去逝而由他继任总统的那一天。

为了加快研制进程,陆军部还成立了"阿尔索斯"特别行动小组,专门在全世界收集有关研制原子弹方面的情报。"阿尔索斯"小组一个意外的发现使美国政府大为震惊:种种迹象表明,德国的原子弹研制工作已经取得了相当的进展,按照当时德国的技术力量,在研制方面领先于美国并非不可能的事。罗斯福感到了问题的严重性。他一方面决定"曼哈顿"计划由英、美两国联合执行,以加强技术力量,并追加大量投资,以保证研制工作的速度;另一方面命令美国的情报机构详细侦察德国原子弹的研制情况,一旦发现起研究机构和工厂,必须不惜一切代价予以摧毁。

1943年2月,美国发现德国在挪威设立了秘密工厂,生产重水——制造原子弹的重要原料。盟军在挪威抵抗运动战士协助下,很快便破坏了工厂的设备。5个月后,工厂重新开工。同年11月16日,美国出动了400多架飞机组成的强大机群,又将该厂彻底摧毁。1944年1月,英国情报人员侦悉:德国打算将已造出的重水秘密运往本土。当运送重水的人员乘船准备渡过廷湖时,渡船操纵系统突然失灵,并渐渐开始下沉。船上的德国押运人员惊慌失措,想尽办法也未能阻止船体下沉,最终船上的重水全部沉到了湖中。其实这是因为盟军特工人员事先已对渡船做了手脚的结果。

1944年6月,"阿尔索斯"小组又发现在法国北部一个叫黑兴堡的小镇附近有德国制造原子弹的一个基地。盟军司令部派遣了一支突击分队,秘密潜入德军占领区,突

第四章　核武器相关事件

然出现在黑兴堡镇，破坏了基地设施，并将两名奥籍原子专家带回了英国。

在此期间，美国曾获知日本也在进行"铀弹"的研制，但其研制工作一直没有突破性的进展，因此美国对此并没有采取什么行动。

"曼哈顿"计划实施1年之后，美国原子弹的研制工作已取得了巨大进展。1942年12月，美国科学家成功地完成了铀–235的链式反应实验。到1945年初，大的技术问题都已解决，只剩下组装成弹过程中的一些细节问题。

1945年7月16日5时30分，美国研制成功的第1颗绰号为"大男孩"的原子弹在新墨西哥州的沙漠地区爆炸成功，其威力相当于2万吨梯恩梯当量。

正在波茨坦进行首脑会晤的杜鲁门得知原子弹爆炸成功的消息后十分高兴。第二天，陆军部长史汀生专程飞到波茨坦，向总统详细汇报了实验的情况。这时，美国除了已用于实验的那颗原子弹外，还拥有两颗，一颗是用铀作裂变材料的，绰号为"小男孩"；另一颗是以钚作裂变材料的，绰号为"胖子"。

2.29岁的上校和第509混成大队

1944年9月18日，美国空军第2航空队司令部。

乌泽尔·恩特少将端坐在办公桌前，不远处笔直地站着1名空军中校。"从今天起，你将被晋升为上校，并将领导一个新组建的第509混成大队，"将军严肃地说，"你得把部队装备全部准备好，去投掷一件新研制的，被称作'原子弹'的秘密武器。你得把它装到飞机上去，

兵器百科——核武器　101

决定采取什么策略、训练方法和投掷弹道以及其他的一切事,都将是你任务中的一部分。""可是,"中校迟疑了一下,"就这些吗？""至于原子弹,我也知之不多,一会儿将会有技术人员给你作专门介绍。"少将又补充道,"这将成为一件大事,我想它有能力结束这场战争。"

听到这里,中校感到有些激动,作为百里挑一的幸运者,他很明白这次任务的重大意义。

恩特少将还告诉他,在空军内部,投掷原子弹工作的代号为"银盘",如果需要什么东西,只须使用这个具有魔力的代号即可。

这位被赋予特殊任务的中校名叫保罗·蒂贝茨,他被认为是当时最优秀的轰炸机飞行员。他曾率领第一批 B-17 轰炸机从英国起飞去轰炸德国；他曾在欧洲战场运送艾森豪威尔将军到他的直布罗陀指挥所；并曾率领他的编队赴北非执行轰炸任务。此时,29 岁的蒂贝茨已是中校,并在空军中享有盛誉。

蒂贝茨对将要担负的任务满怀信心。他马上开始着手进行第 509 混成大队的组建工作。由于各方面都对他大开绿灯,所以工作进行得异常顺利。第 509 混成大队编制军官 256 名,士兵 1500 余人,它是在第 393 轰炸机中队的基础上组建起来的。第 393 轰炸机中队是一支训练有素的部队,当时正在美国本土训练,准备投入欧洲的作战。大队的军官大多数都是从空军各部队精心挑选来的,尤其是蒂贝茨机组更

第四章 核武器相关事件

员以及4名炮手。

B-29飞机1944年初投入了批量生产，蒂贝茨是B-29轰炸机的最初试飞者，这也是他被选中执行这次任务的重要原因之一。

新组建的第509混成大队被带到了犹他州的文多弗空军基地。该基地位于低矮的山岭之间，与世隔绝，四周都是盐碱地，荒无人烟，平坦空旷，是练习轰炸的良好场所。文多弗基地离城市较远，气候条件也比较差，但第509混成大队享受着十分优厚的待遇。他们只要在发往司令部的电报末尾加上"银盘"两字，就可立即得到所需要的一切给养和器材。他们食用的水果、蔬菜和鲜鱼都是从2000公里以外专门

是优中选优，机组人员大都在以往的作战中与蒂贝茨有过密切的合作。如投弹手菲阿比少校曾是蒂贝茨在欧洲战场上的老搭档，副驾驶路易斯上尉在北非作战中一直与蒂贝茨驾驶同一架飞机。另外，领航员温卡克、射手卡伦也都是一流的机组人员。

第509混成大队装备了当时美国最先进的B-29远程轰炸机，它自重7万磅，满载时重量达135000磅，需要8000英尺长的跑道才能起飞。机组人员共11人，包括正、副驾驶员、机械师、投弹手、领航员、无线电报务员、雷达

兵器百科——核武器　103

空运来的。

3. 奇特的训练

第509混成大队的一切行动都带有一种神秘的色彩。蒂贝茨要求全队人员要高度保密，可那些人连秘密是什么都不知道。其实蒂贝茨对原子弹也知之甚少，他接受任务后曾有人给他讲授过原子分裂的奥妙，一知半解的蒂贝茨仅仅意识到原子弹是一种尖端、秘密、威力巨大的武器。他耳边回响的只是恩特少将的一句话：这种武器有能力结束这场战争，你只许成功，不许失败。

他们首先训练的课题是高空目视轰炸。飞机飞到3000英尺的高空，投弹手便通过先进的诺登牌瞄准器，对排列在地面上用石灰画的目标圈进行瞄准。圆圈直径为100米，可从3000英尺的高空往下看时，它几乎缩成了一个圆点。习惯于在多云的欧洲上空用雷达进行轰炸瞄准的飞行人员都感到奇怪，为什么要对目标进行目测轰炸训练？至于轰炸的方式则更使他们大惑不解，每次都是单机飞行，而且仅投1枚炸弹，这枚炸弹也十分奇特，比一般炸弹要大出许多，足有四五吨重。每次飞机投弹过后，都要立即做一

第四章 核武器相关事件

个155度的俯冲转弯,而后迅速离开目标区。至于为什么要这样,大家谁也不问,因为他们知道这已涉及了国家最高机密。但他们同时也隐隐感到,他们要投掷的绝非一般炸弹,可能要以性命作一次赌博。

1945年4月底,蒂贝茨上校接到命令,将他的大队和所有装备转场至马里亚那群岛中的提尼安岛北机场,在那里接受更加接近实战条件下的训练。

提尼安岛比文多弗基地要大得多,但形状有些类似。它当时已成为美军在太平洋马里亚那群岛中最大的空军基地。基地有西、北、南3个机场,各种设施十分齐全。美军轰炸日本的飞机有相当一部分是由美国大陆转场至提尼安岛,然后由提尼安岛飞向日本的。有时有近千架战略轰炸机以15秒的间隔从60条跑道上同时期飞前去轰炸日本的目标,因此这里显得十分繁忙。

第509混成大队来到提尼安岛后,被安置在用铁丝网团团围住的"第8大道"和"第125大街",在那里又开始了他们"奇特"的训练。岛上的工作人员很少有同他们接触的机会。他们看到这个神秘的第

509大队每次只是小编队执行任务,而且从来没有什么辉煌战果,却受到如此重视,便编了顺口溜来形容他们:

秘密小队飞上天空,欲去何处无人知情。

除非你想得罪上司,最好不要四处打听。

但有一点毋庸怀疑,509将赢得战争。

在1945年6月以前,第509混成大队只是进行一般性技术训练,主要是适应太平洋上空的气候条件并进一步提高投弹精度。从6月底开始,他们进行了战斗演习训练,此后又进行了实战训练,即用炸弹对日本进行轰炸。这样一方面可使飞行员熟悉目标区情况,提高轰炸技术水平;另一方面模拟与投掷原子弹相同的战术,使日本人习惯B-29飞机小编队高空飞行,用以麻痹日本人,达到使用原子弹的突然性。经过几个月的严格训练,他们的投弹命中率大大提高,著名的投弹手菲阿比能在万米高空目视瞄准,把模拟弹投在100米的圈内。

4. 确定目标

1945年7月的一天,美国国防部大楼内依然像往常一样忙忙碌碌,但从人们脸上增加的笑容里似乎已看到了战争胜利的希望。陆军部长史汀生来到二楼的会议室,参加会议的代表都已在那里等候。他们中有国防部、国务院的代表,有军方主要是空军的代表,还有几位原子弹专家。这次会议是在杜鲁门总统授意下,由陆军部长史汀生负责召开的,主要研究在日本空投原子弹的具体事宜。一名中尉记录员在长方形会议室的一角认真地听着与会代表的每一句话。

首先要决定的是原子弹的轰炸目标。军方和国务院事先已共同提出了一份可供选择的17个目标的清单，包括：东京、京都、横滨、名古屋、大坂、神户、广岛、小仓、福冈、长崎、新潟、佐世保等。"选中的目标应该是符合下列条件，"史汀生说，"如果这些地方遭到轰炸，将最严重地影响日本人的作战意志。这些目标应该是军事性的，或是有重要的司令部，或是部队的集中地，或是军用设备的供应和生产中心。为准确估计原子弹的效果，这些目标应该是没有被空袭毁坏过的。"他说完环视了一下四周，目光落在了一位面露难色的空军上校身上。"上校先生，我想听听您的意见。""部长阁下，事实上像您所说的这类以前未被空袭的目标已经很少了，一些目标之所以未遭到大规模轰炸，是因为日本人将盟军的战俘营设在了城市中，或是紧靠在城市边上，而且我们缺少这方面准确的情报。"

的确，美国人的轰炸机几乎光顾了日本所有的大中城市。东京虽是一个可能的目标，但它实际上已被炸遍了，除了皇宫庭院依然完好外，东京已是一片瓦砾。新潟、佐世保、广岛等城市之所以保存较好，是因为空军得到情报，说日军将大量战俘关押在了城市中，而美军又不知战俘营的确切位置。"现在首要的问题是要把已经研制好的原子弹尽早投到日本，尽快结束这场战争，"史汀生沉思了一会儿说，"战争每进行一天，我们的代价都是惨重的。所以，其他问题都是次要的。"

看来，史汀生已经没有精力再去考虑战俘问题了。最后，代表们终于定下了3条原则：第一，目标大小必须是方圆超过3英里的中等以上市区，且有重要目标；第二，要能够被原子弹的冲击波有效破坏；第三，8月以前不大可能被空军轰

科普知识博览
Ke Pu Zhi Shi Bo Lan

炸。记录员的笔无情地圈上了广岛、小仓、新潟、长崎这4座城市。广岛是重要的军事基地和起运港，小仓有数座日本重要的兵工厂……而且这4座城市均未遭受过大规模破坏。

空投的日期主要是考虑天气的因素，日本7月份多云天较多，8月份会好一些，9月份又开始变坏。当然日本1月份气象条件最好，上空能见度高，便于轰炸，但谁也不愿等那么久。

会议结束后，杜鲁门总统很快得到了研究报告，他在与英国首相丘吉尔磋商后决定：尽快使用原子弹轰炸日本，为了达成突然性，轰炸前不透露轰炸性质。

很快，第509混成大队便接到了美国战略空军司令斯帕茨的命令："在1945年8月3日以后，气象条件允许时，尽早对下述目标之一投掷原子弹。目标是：广岛、小仓、新潟、长崎。"

这时，绰号为"小男孩"和"胖子"的原子弹已运到了提尼安岛，所需部件由"印第安纳波利斯"号巡洋舰于7月29日送到，同时来的还有精通原子弹内部结构的帕森斯上校，他将负责原子弹的安装，并将随同第509混成大队完成空投任务。

7月27日至8月1日，美国出动飞机在日本各大城市上空散发印

有《波茨坦公告》的传单，传单上警告说：如果不接受《波茨坦公告》，将受到更加猛烈的轰炸。

5. 广岛上空的"蘑菇云"

8月1日，第509混成大队进行了最后一次演习。8月2日，第2航空队司令部下达作战命令，确定8月6日凌晨由7架B-29飞机对日本实施原子弹轰炸，具体轰炸目标视当天气象情况而定，并规定这次行动的无线电呼号为"酒涡-82"。

参加轰炸的7架飞机中，1架为原子弹载机，由大队长蒂贝茨亲自驾驶，他命令2名士兵在机头上写下了他母亲的名字——"埃诺拉·盖伊"；2架飞机担任轰炸效果观测任务，3架飞机担任直接气象观察任务。此外，还有1架飞机作为预备队，留在硫磺岛机场，随时准备替换发生故障的飞机。第20航空队担任空中掩护任务。

8月5日下午，原子弹已准备就绪，技术人员将一小块铀固定在弹壳内，然后将4.5吨重的"小男孩"放入早已挖好的壕沟里，再打开机身腹部舱门，将它升起来，牢牢固定在舱内。

晚上，蒂贝茨吃过晚餐，像往常执行任务一样，准备在登机前睡

一觉。可那天他无论如何也睡不着，看看其他机组人员，也都没有丝毫睡意，他们干脆打起了扑克，以此缓解一下战前的紧张气氛。

8月6日凌晨1时，蒂贝茨和他的机组人员乘车来到机场，开始对飞机进行起飞前的最后一次全面检查。此时担任气象观察的3架飞机已经起飞。凌晨2时27分，蒂贝茨命令发动飞机，并向指挥塔呼唤："酒涡–82，呼唤北提尼安机场指挥塔，准备工作就绪，请下达起飞命令。"指挥塔回话："酒涡–82，北提尼安机场指挥塔命令，沿A跑道向东起飞。"

2点45分，蒂贝茨向全体机组人员宣布："大家注意，现在起飞。"他推上所有油门，飞机开始沿着光滑的跑道滑行起来。大家心情异常紧张，蒂贝茨两眼死死盯住速度指示仪表，飞机滑行得异常吃力，因为它已严重超载。当飞机滑到跑道一半时，速度依然很慢。蒂贝茨做了一个冒险的决定，继续沿跑道滑行，直到达到所需速度再起飞。当滑行距离已超过了跑道长度的4/5时，飞机速度仍然没有达到要求，机组人员面面相觑。

"危险！快把飞机拉起来！"副驾驶员路易斯禁不住喊了起来。

蒂贝茨不动声色，就在大地即将消失，眼前已是一片茫茫大海的时候，他将飞机拉了起来。蒂贝茨长长地舒了一口气，他没想到这次任务刚刚开始就像一次赌博，一次以12个人的生命和价值数亿美元的"小男孩"为赌注的赌博。

"埃诺拉·盖伊"徐徐向东飞去，开始进入预定航线。蒂贝茨感到轻松了一些，他习惯性地把左手伸进口袋，无意中碰到了里面的氰化物胶囊。这是在上飞机前上司交给他的。不用上司多说他就明白了，这是为他们遇到不测时预备的，这种小东西可以让他们免受皮肉之苦，同时也保守了原子弹的秘密。他抽出了放进口袋的手，心情又有些紧张了，他不敢想象如果这次行动失败会带来什么样的后果。

凌晨3点，"埃诺拉·盖伊"已升到了5000英尺的高度。机组的新成员帕森斯上校来到蒂贝茨背后，拍拍他的肩膀说："开始吧。"蒂贝茨点点头。

帕森斯带着助手杰普森上尉来到弹舱，他从口袋里摸出1张有11项检验项目的清单，让杰普森举着电筒，开始一项项进行检查，并安装原子弹上仅剩的几个关键部件。杰普森将工具一件件递给他，那情形就像是在飞机上进行一次外科手术。3点15分，帕森斯开始向"小男孩"中装填炸药，并连接了起爆管，接着他又装上了装甲钢板和尾板。但他留了一个至关重要的电路特意没有接上。为了保险，他准备将这一工作留到投掷前再做。

蒂贝茨将操纵杆交给了副驾驶员，自己想到飞机后部去看看。他来到弹舱时，帕森斯告诉他准备工作已经完成。接着他又爬到飞机尾部炮位。机尾炮手鲍勃·卡伦拉了他一下，轻声说："喂，上校，我们今天是要去投原子弹吗？"这是卡伦第一次向他探听"秘密"。

"可能是吧，鲍勃。"蒂贝茨说完，两人都会心地笑了。

时间在一分一秒地过去，随着距日本上空距离的缩短，"埃诺拉·盖伊"的飞行高度在不断升高。7点20分时，高度已达到30000英尺，这样可以免受日本防空炮火的袭扰。7点35分，飞机收到了前去广岛侦察的"斯特雷特·弗卢西"号侦察飞机发来的一条重要信息：广岛上空能见度良好，云层覆盖率低于30%，侦察中未遇敌方战斗机截击，高射炮火也很微弱，建议优先考虑广岛。紧接着去小仓、长崎进行侦察的飞机也相继发回了气象报告：目标上空气象条件良好，可以投弹。

蒂贝茨略加思索，决定轰炸广岛，并向基地发回电报：决定轰炸第1目标。

这一天广岛异常炎热，早起的人们已经开始忙碌起来。7点20分，城市上空响起了一阵警报，数架美国飞机飞入广岛上空，盘旋一周便匆匆离去了。大约半个小时以后，警报声又响了起来，"埃诺拉·盖伊"和进行观测的2架飞机已接近广岛。广岛市民对于这种习以为常的空袭警报似乎已无动于衷，因此很少有人进入防空洞隐蔽。他们有的在工作，有的在赶路，有的呆在家里，有的还在街上仰视远处的飞机，以为这3架飞机还会像刚才的一样，"巡视"一圈便会离去。

此时，机上的蒂贝茨已对着麦克风郑重地向全体机组人员宣布："我们准备轰炸广岛，机上录音设备已经打开，这是为历史录音，请注意你们的语言。"

早已等候在炸弹仓的帕森斯立即从原子弹上拧下了一颗绿色的螺丝，然后熟练地拧上了一颗几乎完全相同的金属螺丝，最后一个电路接通了，原子弹已进入投掷状态。

他立即报告了蒂贝茨，蒂贝茨对着话筒一字一顿地说："我们即将投掷世界上第1枚原子弹。"

好几个人还是第一次听到"原子弹"这个令人生畏的字眼，激动得有些喘不过气来。8点10分，2架观测飞机已经减速落到了后面，一个清晰的城市轮廓出现在飞机下面。"各就各位，准备投弹，戴上护目镜。"蒂贝茨命令道。

投弹手菲阿比少校坐在投弹椅上，用他漂亮的小胡子蹭了蹭瞄准镜，左眼紧贴在上面，开始寻找目标。他已反复研究过目标侦察照片上的每一个细节，地面景物对他来说非常熟悉，他很快找到了目标点——相生桥。他让蒂贝茨稍稍调整了一下飞行方向，目标点向着瞄准器十字架飞快地接近。"对准了！"他报告道。"投！"8点15分，随着蒂贝茨一声令下，炸弹舱门自动打开，菲阿比从瞄准器上清楚地看到原子弹坠

第四章 核武器相关事件

了下去，弹头指向目标。

　　飞机由于重量突然减轻，猛地向上一跃。蒂贝茨驾驶飞机来了一个60度的俯冲和160°的转弯，然后操纵飞机加速航行。按照预计时间，原子弹将于8点15分43秒爆炸。

　　杰普森开始倒计时，数到43时停了下来，他自言自语地说道："难道是颗哑弹？"

　　就在这一瞬间，一道耀眼的白光照亮了整个飞机，机尾炮手卡伦看到一个巨大的圆形火球腾空而起，体积在急剧膨胀。"小心！"他高声发出警告。话音未落，巨大的冲击波夹杂着爆炸声冲得飞机猛的一颤，

蒂贝茨感觉仿佛被德军88毫米高炮打中一样。紧接着又是一次激烈的震动。"好了，不会再有了，这次是反射波。"帕森斯向大家解释道。

　　广岛渐渐远去，卡伦对着录音机开始表演他的口才："圆球腾空而起，下面升起了巨大的烟柱，帕森斯上校说过的那种蘑菇云出现

了……广岛市区一片火海,四处通红……"

蒂贝茨开始向基地报告:击中目标,据我们观察效果良好。投弹后飞机正常,现返回基地。"埃诺拉·盖伊"下午2时8分返回提尼安岛,飞行时间将近12小时,飞行距离5120公里。

事实上,"小男孩"并没有直接命中相生桥,而是在桥东100米的外科医院上空爆炸。位于爆心的外科医院的一切设施和人员全部化为灰烬。城市中心12平方公里的建筑物全部被毁,全市房屋毁坏率达70%以上。关于死亡人数,日美双方公布数字相差甚大。据日本官方统计,死亡和失踪人数达71379人,受伤人数近10万。

6. 轰炸长崎

在原子弹轰炸广岛16小时之后,杜鲁门总统向全世界发表声明,宣称美国已对日本使用了原子弹,其爆炸威力相当于2万吨梯恩梯炸药。如果日本仍不接受美国的条件,一股从未见过的破坏性激流将会从天而降,地球上从未有过的毁灭性打击将要降临到日本头上。第2天,日本各大城市都见到了美国飞机撒下的印有杜鲁门讲话的《告日本人民书》。

广岛的毁灭给日本朝野带来极大震动,以东乡外相为首的几名内阁成员,建议日本停战,接受《波茨坦公告》。但这一意见遭到了日本军方的激烈反对,他们辩解说:日本军队士气高昂,数百万军队渴望打仗,即使政府宣布停战,他们也可能拒绝投降。两派意见相持不下。

就在日本内阁一次次开会就是

第四章 核武器相关事件

否停战问题进行争论的时候，美国已准备投掷第2颗原子弹了。美国政府担心广岛原子弹爆炸会激起日本人的抵抗意志，同时害怕这次轰炸会被看作是黔驴技穷，于是决定使用"胖子"，目标定为小仓。

第2次空投任务落到了第509混成大队斯威尼机组身上。斯威尼曾率领他的机组驾驶"艺术大师"号观测飞机在广岛轰炸中担任轰炸效果观测任务。由于这次"艺术大师"号上仍保留着科学仪表，将再次当作观察机使用。斯威尼只好用另1架B-29飞机——"博克之车"作为原子弹载机。8月9日凌晨3点39分，"博克之车"装载着"胖子"从提尼安机场起飞向日本飞去。斯威尼一次次地祷告，希望自己和保罗·蒂贝茨一样幸运。

然而，事情进展得并不顺利。飞机刚起飞不久便发现有一只油箱出了故障，600加仑燃料可能无法使用。斯威尼粗略估计了一下航程，认为燃料基本够用，决定继续飞行。

当"博克之车"飞到硫磺岛上空汇合点时，另外2架提前起飞的观测和照相飞机本应在那里等候与他汇合，可他只遇到了其中1架。

科普知识博览
Ke Pu Zhi Shi Bo Lan

务员报告：从截获的日本截击航空兵使用的频率看，可能会有战斗机升空拦截。机上一阵慌乱。斯威尼来不及与基地联系便调转机头向西南方向飞去，他决定改为轰炸长崎。离开小仓后他命令向基地发报：小仓上空无法投弹，改炸长崎。10点28分，飞机抵达长崎上空。

斯威尼在那里等候了30分钟仍不见另外1架的踪影，于是毅然朝小仓飞去。9点5分，"博克之车"飞抵小仓上空。这天小仓上空气象条件很差，空中布满厚厚的云层，地面也是浓烟滚滚，能见度极低。"博克之车"在小仓上空盘旋了3周，始终未能找到瞄准点——5号军火库。这时小仓的地面防空部队发射了密集的高射炮火，斯威尼只得提高飞行高度。

当斯威尼决定再一次进入小仓上空搜寻目标时，他接到无线电报

恰巧这天长崎也是多云天气，第1次进入长崎上空也未能找到目标。燃料表的指针在急骤地下降，斯威尼心情异常紧张，他决定第2次进入时无论如何也要把"胖子"投下去，于是向机上人员宣布："改用雷达瞄准，准备投弹，返航。"

投弹手克米特·比汉像菲阿比一样也是一位老手。当他正准备换用雷达仪器瞄准时，突然发现身下两块云团之间有一大段空隙，透过空隙可以清楚地看到瞄准点，他立即通知斯威尼，可进行目视轰炸。

第四章 核武器相关事件

10点58分,"胖子"脱离"博克之车"飞向长崎。

投弹后"博克之车"油料已严重不足,在返航途中不得不在冲绳岛紧急着陆,补充油料。"博克之车"经过了20个小时飞行,很晚才返回提尼安岛。尽管"胖子"的爆炸当量比"小男孩"大,但长崎地形三面环山,所以损失小于广岛。据日方统计死亡近7万人,伤6万余人。

迫于各方压力,日本天皇决定无条件投降。8月15日上午,日本天皇向全世界发布了投降诏书,第二次世界大战成为历史。日本军国主义者在这次战争中给亚太各国人民带来了无穷的灾难,犯下了滔天罪行,同时也使广岛和长崎遭受了可怕的原子弹袭击。但愿日本人民能和全世界爱好和平的人民一道永远记住这血的教训。

◎ 比基尼事件

1954年3月1日凌晨时分,位于太平洋比基尼环礁约160公里的公海上,日本"第5福龙丸"号渔船正在航行。此时,在比基尼环礁上正在进行氢弹核试验。天亮之前,

科普知识博览
Ke Pu Zhi Shi Bo Lan

天空被照得很亮，不久，有烟柱升起。两个小时后，"福龙丸"的船员发现船上散落了大量氢弹爆炸后的灰，但他们没有意识到，飘散到他们船上的，其实是具有辐射作用、可以对人体造成伤害的"死亡之灰"。

1954年3月14日，"福龙丸"回港后有关部门对船员们带回的"爆炸后落灰"进行了分析，才知道是美国研制的新型氢弹，美国正在研制秘密武器和进行核武器开发的事实因此被曝光。

当时福龙丸号上共有23名船员，所有的船员立刻被送往东京治疗。但令人遗憾的是半年后，船上年纪最大、负责通讯的久保山爱吉去世，年仅40岁。

事后才有报道，美国在比基尼环礁上秘密进行了有史以来最大的氢弹爆炸试验。据科学家分析，这枚氢弹的破坏力不亚于当年美国在广岛投下的原子弹，保守估计威力至少要高1000倍。试验造成了核污染，"第5福龙丸"号上的船员就是其中的一部分受害者。日本国内将这一事件称作"比基尼事件"。

1945年8月，在美国向日本广岛投下第一枚原子弹后，苏联开始加速研制原子弹。1949年，苏联的第一颗原子弹试爆。消息传到美国，引起美国朝野的震惊和不安。

兵器百科——核武器

第四章　核武器相关事件

美国的军事霸主地位遭到了挑战，于是美国开始研制威力更大的核武器——氢弹。然而，要研制这种恐怖的武器，就必须进行一系列的核试验。1946年1月，美国原子能委员会经过反复酝酿和调查研究后，最后选定了太平洋上的马绍尔群岛作为新的原子弹试验场。马绍尔群岛就成了这些核试验的无辜受害者。

马绍尔群岛位于太平洋中部，陆地面积181平方公里，它由1200多个大小岛礁组成，分布在200多万平方公里的海域上。1946年2月，美国强迫当地居民搬迁，美军工程兵开进了比基尼环礁，进行了可恶的氢试验。尽管马绍尔人并不愿意离开自己祖祖辈辈安居乐业的家园，但在美军舰炮和坦克的威胁下，他们不得不含泪搬迁到200公里外的另一处岛屿上。更为恶毒的是，美军并没有告诉居民们搬迁的原因和核试验可能给他们造成的伤害，最终让当地居民付出了重大的代价。

1952年11月1日凌晨，世界第一枚氢弹"迈克"在这里被引爆。霎时，比投在广岛的原子弹强500

倍的核辐射、冲击波、光辐射……肆无忌惮地在太平洋上空炫耀。远在60公里以外观测氢弹爆炸的科研人员诙谐地描述说：地球上升起了世界上第一个人造热核太阳。

氢弹的试爆成功，使美国重新取得了核武器领域的优势地位，心里稍微踏实了一下，满以为可以高枕无忧睡个舒服觉了。可是他们忘记了狡兔应该有三窟，仅有一个是不够的。1953年8月，苏联第一枚氢弹试爆成功，这又深深地刺痛了美国，于是美国决定试爆更大威力的氢弹，马绍尔人真正的噩梦来临了。

两个国家就像两个小孩子一样在较劲。1954年3月1日，美国将一颗预测为600万吨梯恩梯当量的氢弹放置在马绍尔群岛比基尼环礁。6时45分许，氢弹在离地面大约两米的地方爆炸。爆炸场景很快让观测人员傻眼了：这绝不可能是600万吨的爆炸当量！因为他们发现，氢弹所在的那个小岛和附近两座小岛在爆炸的一瞬间就从视线中消失了。美军的空中观测飞机发现，原先放置氢弹的地方忽然成了一个大深湖。大湖宽近2公里，深达80米。人们在离爆心220公里远的岛上都可清楚看到亮光。事后，据美国科学家们测算，这枚氢弹的爆炸当量高达1500万吨，比原先的估计要大2倍多。美国试爆了当时世界上威力最大的核武器，心里的平衡感找回了许多，但这所有的快乐都是建立在别人的痛苦之上的。

第四章 核武器相关事件

直到 1958 年 7 月，美国才迫于全世界的压力，停止了在马绍尔群岛的核试验。

据不完全统计，从 1940 年到 1990 年，不到半个世纪的时间里，美国共进行了上千次核试验。其中，仅在马绍尔群岛就进行了 67 次核试验，而其中 23 次都是在比基尼环礁进行的。

由于没有估计到如此大的爆炸威力，美军没有及时通知附近的居民和在海上作业的各国渔船事先撤离，造成了太平洋上最大的核污染事件。其中，致命的永久核污染区近 2 万平方公里。

在这次氢弹试验后，无辜的马绍尔人向联合国派出了请愿团，要求美国停止在该群岛的核试验，但是自诩重视"民主与人权"的美国却根本不顾这些岛民的性命，拒绝了他们的要求，并且叫嚣如果再请求就会有威力更强的在等着他们。

在 1954 年的一年内，马绍尔群岛所属岛屿上就接连爆炸了三颗 1000 万吨以上当量的核武器。这些核爆炸的放射性散落物飘落到了群岛的其他地区，使许多人都出现了皮肤烧伤、头发脱落、恶心、呕吐等现象，甲状腺疾病和恶性肿瘤也成为当地的常见病。而这一切美国不是不知道，只是美国为了满足它争取全球世界霸权地位的野心，仍一次又一次地进行试验。

残留的放射物在这些地区虽然经历了近 60 年的风雨，但是早已混杂在土壤中，使得当地生产的食品和饮水都成了辐射污染源，人们不得不从外地运来必需的生活用品。几十年过去了，美国的军舰和试验人员走了，但却给马绍尔群岛和这片广袤的太平洋海域留下了永久的创伤与痛苦。就像是做了一场噩梦，但愿这样的事情再也不会发生了。

◎ 乌拉尔存储罐核爆炸

1957年9月29日，在苏联的大型核工业聚集区乌拉尔地区，克什特姆、车里雅宾斯克两城之间的一个地下核废料存储罐突然发生爆炸，强烈的爆炸如同火山爆发一样把放射性尘埃和物质喷到天空中，其威力相当于1945年美国投在广岛的原子弹的100倍。

一片直径10公里的带有放射元素锶-90的烟云升空。1万多居民当即撤离污染区。据原苏联遗传学家麦德维杰夫估计，这次爆炸后几天就有几百人因辐射致死，当年至少有1000人死于辐射。

由于天气极恶劣，狂风把放射性烟云刮到数百公里之外，结果造成南乌拉尔地区3000平方公里的核污染，区内草木不生，成千上万的人患了辐射病。但是，当受核辐射的居民被送到医院后，医生不懂放射性核医学，不知道如何根据患者所接受的辐射量对症治疗，结果导致很多患者濒于死亡。事故一年之后死了几千人，三年之后死了几万人。

核废物中的钚是一种不易溶解的元素，而乌拉尔地区核废物中的钚大部分被土壤所吸收。当水浸透蓄积着钚的土壤，钚与水作用，触发链式反应，水被迅速加热成水蒸气，水蒸气压力增大而产生强烈的爆炸，从而造成了这场骇人听闻的核灾难。

第四章 核武器相关事件

在核废料处理环节还没有解决好的时候，当时的苏共总书记赫鲁晓夫为了跟美国人争高低，不顾科学家们的反对，下令提前开炉运转。为了节省核废物处理费用，苏联当局便把核废物都堆积在乌拉尔的林区之中，从而形成大规模的放射性废物贮存场地，留下重大隐患。

通往该区的所有公路、铁路被封闭了长达一年之久。一年后，在该区外50千米处设立了检查站，所有进入该区（有限度地开放）的机动车辆都必须接受检查，关闭所有车窗，不许拍照，要以最高车速通过，不得停车逗留。1958年到1968年不许该区居民生育子女。

直到1978年，污染区还有20%的地方未能恢复生产活动。

1989年2月，即核事故发生后32年，苏联政府向国际原子能机构（IAEA）提供了有关该次事故的技术报告，终于将该次事故公布于众。其实，这也是苏联政府迫于国内外舆论压力，不得已而为之。

苏联原计划在克什特姆镇邻近处建立一座快中子反应堆，在先拉斯诺亚尔斯克建造世界上最大的核废物库。但这项计划在苏联国内引起了激烈的争论和抗议。可能是因为针对这次反核风波，苏联官方才公布了乌拉尔核事故的有关资料，认为该次核事故后30年来并未引起明显的能被证实的健康危害。

◎ 切尔诺贝利核灾难

1970年，苏联乌克兰北部切尔诺贝利核电站始建成，该核电站为乌克兰提供了10%的电力，由4座核反应堆组成（是苏联70年代设计的RBMK-1000型压力管式石墨慢化轻水堆）。

人民一般都不会去怀疑诸如3C

认证产品，或者是有口皆碑的产品。但是1986年4月26日发生的大爆炸，却改变了苏联人民对切尔诺贝利核电站的信任，改变了这一切。

1986年4月25日夜晚，切尔诺贝利核电站的工作人员准备对四号反应堆进行安全测试。测试工作在4月26日凌晨正式开始，测试过程中为了提高工作效率，工作人员故意违反操作章程，将控制棒大量拔出，这些控制棒是调节反应堆堆芯的温度的，拔掉它们将是一个致命的失误。由于没有控制棒调节温度，使得堆芯过热。26日凌晨1时23分，工作人员再次心存侥幸违章操作，按下了关闭核反应堆的紧急按钮，这时本意和实际情况发生了冲突，本来是想立即停止试验，但是电源的突然中断却致使主要冷却系统停止了工作，反应堆失控了！堆芯内的水被强辐射立即分解成了氢和氧，由于氢和氧浓度过高，随即导致了四号核反应堆的大爆炸。

2000吨重的钢顶被爆炸的冲力掀了起来，一个巨大的火球突然从反应堆中腾空而起，灾难就这样降

临了。8 吨重的核燃料碎块、高放射性物质块就这样瞬间被无情地抛向了黑暗的夜空，摄氏 2000 度的高温和高速放射剂量也吞噬了周围的一切。地面上哭声喊声一片，一片火海。蒸发的核燃料迅速渗入到大气层中，在周围地区造成了强烈的核辐射，给人体、生物带来了极大的危害。

半小时后，救援人员火速赶到，消防车、空军、直升机等能用的都用上了。从空中向 4 号反应堆投了近 5000 吨白云石、砂粒、硼化物、土和铅等灭火材料后，火势才逐渐被消灭，但放射性烟尘仍在扩散。直到 5 月 5 日，在社会各界人士的大力支持下，放射性物质的释放才基本得到控制。

在这次核爆炸最初的几天时间里，工作人员和参加事故善后工作的人员之中有不少人因高辐射而伤亡。据调查结果显示，因受到大剂量辐射而死亡多达 300 多人，当场死亡的就有 30 人。等到灾情稍微得到一些控制以后，大批的工人就被匆忙调集到切尔诺贝利清理现场。苏联政府又动员了数十万人的力量来防止放射性物质进入地下水，为此专门用钢建成了一座长 160 米、宽 110 米、高 75 米的黑色建筑物，将 4 号核反应堆残存物质全部封闭在里面，这座建筑物被称为"石棺"。

这场灾难发生后，围绕在核电站半径 30 公里地区居住的居民都被紧急撤离，这一地区被辟为隔离区，任何人不得随便出入。随后政府又把普里皮亚地区的居民撤走了一大批数量有13万之多。

为避免出现不必要的恐慌，苏联试图将这一事故隐瞒过去，因为当时苏联和西方的关系非常不好，所以也没有通报邻国。但是泄漏的放射性尘埃却不通人性，没有那么清晰的国界概念。它们不断向北欧、东欧和西欧的上空飘去，危害地区

不断增多。随风席卷而来的辐射浪潮，给整个欧洲带来了一场飞来的横祸。

欧洲各国陆陆续续都觉察到空气的异样状况，纷纷发出声明。瑞典声称，其大气里的放射性尘埃比平常高出5倍；丹麦称空气中的辐射程度比平常高出4倍；芬兰的辐射程度

第四章 核武器相关事件

最高，其北部和中部的辐射程度比正常情况高10倍；罗马尼亚、南斯拉夫等国家也受到了不同程度的危害。由于这些国家握有确凿证据并且向苏联提出强烈抗议，苏联才不得不公布这起核爆炸事件以来最大的核灾难。在这场灾难中，有5.5万人在抢险救援工作中死亡，15万人残废，并且还造成了大量的生态难民。据有关数据统计显示：有15万平方公里的苏联领土受到了直接污染，其中乌克兰26个州中12个州的4.4万多平方公里的土地受到核污染，300万人受害。由于有大剂量放射性碘的严重侵害，导致约15万人的甲状腺受损，儿童得白血病的比率高出正常标准2~4倍。此外，畸形婴儿大量出现也是由辐射物质导致人体染色体变异而造成的。

白俄罗斯是受核污染最严重的地方，在白俄罗斯4.6万平方公里1350万人口中，有150万人生活在受放射性物质影响的地区，其中40多万是儿童，这些儿童中有十分之一患有各种放射病，很是令人痛心。

在俄罗斯6万平方公里的土地上受害州已由原来的4个上升到17个，受害人数也多达300万人。

迄今为止，俄罗斯人民仍然没有摆脱核污染。通过对核电站周围45~140公里范围内采集的蘑菇进行化验，研究人员发现90%的蘑菇中放射物质的含量达到4200Bq以上，超过国际标准10多倍。专家们说，至少还需要一百年才能消除这次核灾难造成的核污染。切尔诺贝利曾经是苏联人的骄傲，现在却是他们心中的一个无法抹去的伤痛。2000年12月15日13时15分，乌克兰总统下令彻底关闭切尔诺贝利核电站。核电站虽然关闭了，但这场"20世纪最大的人间悲剧"并没有画上句号，这个沉重的负担会被人类一直背着走下去。

◎ 其他国家核泄漏事故

全世界的核电站事故频频，如一颗颗不定时的核弹，给人们的生活投下了浓重的阴影。

1957年10月7日，大火烧毁了英国一处名为塞拉菲尔德核综合设施的一座生产钚的反应堆的堆芯，向大气中放出放射性云雾。这次辐射泄漏可能导致了数十人患癌症而死亡。

1957—1958年冬季，在苏联乌拉尔地区克什特姆城附近发生了一次严重事故。据首次披露这次事故情况的一位俄罗斯科学家估计，这次事故导致数以百计的人因核辐射而患病死亡。

1961年1月3日，美国爱达荷福尔斯的一个核电站的一座实验反应堆发生事故，造成三名技术人员死亡。

1961年7月4日，苏联的第一艘核动力潜艇辐射泄漏，造成艇长和7名乘员死亡。辐射泄漏的原因是潜艇的两座反应堆之一的控制系统中的一条管道破裂。

1965年，美国原子能委员会故意造成一次核反应堆事故，结果在洛杉矶上空形成一块低强度的放射性云雾。

1966年10月5日，底特律附近的一座实验反应堆由于钠冷却系统发生故障，造成反应堆堆芯部分熔化。

1969年10月17日，在法国圣

洛朗，一次燃料装填的差错，导致一座气冷动力反应堆堆芯部分熔化。

1974年，在里海海边的舍甫琴柯，苏联的一座增殖反应堆电站发生爆炸。

1975年12月7日，在位于靠近东德波罗的海海岸的格赖夫斯瓦尔德的卢布明核电站发生了一次事故，一位电技师因操作错误造成了短路，最终引起了一场火灾。

1979年8月7日，高浓缩铀从田纳西州的一座高度机密的核燃料工厂中喷出。大约有1000人受到了比他们在正常情况下一年里接受的辐射剂量高出四倍的辐射。

1983年11月，英国塞拉菲尔德核电站意外地把放射性废料排入爱尔兰海，导致环境保护主义者们要求关闭这座核电站。

1985年8月10日，一次爆炸摧毁了为苏联海军核动力舰艇服务的什科托沃舰船修理设施。这次事故造成10人死亡，许多人因为遭受核辐射而在事故后死亡。

1988年1月6日，在美国俄克拉荷马州的一座核电站，由于对核材料筒加热不当引起爆炸，造成一名工人死亡，100人受伤。

1992—1993年间，俄罗斯境内又有4座核电站出现险情：1992年3月3日—4日，巴拉科沃核电站电缆着火，险些爆炸；1992年3月24日圣彼得堡附近的索斯诺维博尔核电站内循环冷却水供给线路老化破裂，引发放射性气体外溢；1993年4月5日托木斯克-7号核电站液压燃料仓起火爆炸，大量钚燃烧飞溅；1993年7月19日，车里雅宾斯克-65号核电站液压燃烧仓失火爆裂，酿成事故。据国际核设施监察人员调查显示，俄罗斯早期建造的核电站已设备老化，技术陈旧，而且与居民区毗邻，仪器测定其周转空气中的放射性气体含量大大超过安全标准，隐含极大危险。俄罗斯因工业生产效率低，耗电量大，以及经济转轨和长期萧条等原因，核电站仍带病运营，险象环生。

1996年11月，法国发生了最严重的核事故：三名工作人员未穿防护服进入一座核粒子加速器后受到了沾染。一些负责人由于没有采取适当的安全措施而于1993年被关进监狱。

1995年11月，在切尔诺贝利核电站，当工作人员从一座反应堆中取出燃料时受到严重沾染，其中有一人受到的辐射剂量相当于一年的容许辐射剂量。

……

自核电站投入商业化运营以来，如何安全处理逐年累积的核废料问题一直令发达国家深感头疼。俄罗斯曾数次置国际公约于脑后，向公海倾卸核废液，遭到周边国家强烈抗议。一些核大国还将核废料混弃垃圾向第三世界国家出口，造成惨重事故，影响恶劣。

而且，即便是深埋地下的核原料仍有泄漏的可能。在一项审议通过的计划中，科学家主张把钚核注入融溶态玻璃中。玻璃冷却固化便将钚核封牢其中，随后再将3米高的柱体玻璃套装在巨大的钢结构防护箱内，深埋地下。人们普遍怀疑，保护装置抵不住自然侵蚀，仍有泄漏的可能。英国《泰晤士报》的专家说，虽然发生泄漏事故的反应堆核原料已经处于封存状态，但它的放射危险将持续十万年。

美国核武器事件

作为拥有世界最大核武库的国家，美国的核弹曾多次处于危险状态。据统计，到目前为止，仅美国空军由于飞行事故从空中坠落的核弹就有数十枚之多。幸运的是，所有这些核事故都未导致核爆炸，否则后果不堪设想。

◎ 6枚核弹从北飞到南

2007年9月6日，美国多家媒体披露了一桩史无前例的核武器管理失误：美国空军一架B-52轰炸机在各方均不知情的情况下，携带着6枚装有核弹头的导弹飞越了大半个美国。

按计划，位于美国北部的北达科他州迈诺特空军基地有6枚巡航导弹要送往南部的路易斯安那州巴克斯代尔空军基地作销毁处理。2007年8月30日，迈诺特空军基地恰有一架B-52要前往巴克斯代尔空军基地训练。迈诺特空军基地的指挥官们于是决定让B-52带走这6枚导弹。他们认为，这样做可谓一举两得：一方面省去了专门找运输工具运导弹的麻烦，另一方面可以让机组成员有携弹飞行的训练机会。于是，基地武器弹药中队将6枚巡航导弹挂在B-52的两翼下，放行让其起飞。

3小时后，当B-52轰炸机在巴克斯代尔空军基地降落之后，弹药人员来拆巡航导弹时吃惊地发现，6枚巡航导弹上装的是6枚核弹头。而自上世纪60年代起，任何美军战机都被规定不得携核弹在美国上空飞行。这意味着在这3个小时里，6枚核弹头就在没人知情的情况下在美国上空"畅游"了一番。此次B-52所携带的是W-80核弹头，当量为15万吨，相当于当年投掷到日本广岛原子弹当量的10倍。事件曝光后，美国上下谴责声一片。

据美国核武器专家介绍，美国空军有一套计算机化的指挥与控制系统，可以随时监视着任何一枚核武器的动向，核武器在任何时间任何地点的情况都在掌握之中。按理说，任何一枚核武器只要出仓库的话，那么其状态应该是每分每秒都在空军的控制之下的，以确保核武器的安全。因此，美国核武器专家认为："这起事件最大的担心就是美国的核武器指挥与控制系统显然有很大的漏洞，这个漏洞如果不及时堵上的话，那么将来就可能发生个别人弄走核武器却无人得知的恶

第四章 核武器相关事件

劣事件。"

根据事后的调查，造成核弹头误挂的主要原因是，空军把装有核弹头的巡航导弹和装有假弹头的导弹储藏到了同一个仓库中。

◎ 氢弹落地炸死一头牛

在"冷战"期间，美军坠落的核弹曾离核爆炸仅一线之隔。

1957年5月22日，一架携带氢弹的美国B-36轰炸机在降落时遇到狂风，于是有名军官准备过去拧紧固定氢弹的保险栓。谁知他因怕跌倒而随手误抓住了投弹柄，氢弹因而脱落，把弹舱的门撞开掉了下去。这颗19吨重的爆炸当量为1000万吨梯恩梯的氢弹落在克兰德空军基地以南8公里的空地上，炸弹中的普通炸药触地爆炸，并炸死了一头牛。但由于未安装某些必需部件，所以没有酿成核爆炸。

◎ 最接近核爆炸的核弹坠落

最让人后怕的一次"断箭"级核事故发生在1961年1月24日。当时，一架B-52轰炸机由于油箱漏油失火，在北卡罗来纳州约翰逊空军基地以北20公里处的空中爆炸。机组中有5人及时跳伞，另3人不幸遇难。同时，飞机携带的两枚MK39型氢弹掉落在地面上。

事故后，地面人员立即展开搜索活动。不久，两枚核弹全都找到了。有趣的是，一枚落在地上，另一枚则挂在树上。这树也够结实的，居然把天上掉下来的核弹给托住了。令人心惊肉跳的是，树上那枚核弹差点发生爆炸。

MK39氢弹有4道保险，但不知什么原因，这枚氢弹3道保险都

被打开了,并开始进入爆炸程序:弹内电容开始充电,直径 30 米的迟滞降落伞被打开。幸好爆炸开关由飞行员控制的第 4 道保险没有被打开,这才避免了一次可怕的核爆炸事故。

另一枚 MK39 以 300 米/秒的速度钻入地下,弹体已分解,弹尾在地下 7 米处被发现。事后虽找到了大部分弹体,但装有核炸药的部分却未能挖出来。据估计已经钻入地下 55 米深处。无奈,美国空军买下了失事区域的土地,用围栏将其围住,并定期对这一地区进行核污染测试。

◎ 两机相撞落下四枚氢弹

1966 年 1 月 15 日上午 10 时 22 分,两架美国战略空军司令部的飞机——一架 B-52 轰炸机和一架 KC-135 空中加油机,在西班牙沿海的比利亚里科斯村和帕洛玛雷斯村上空进行空中加油训练,在两机连接时突然相撞,两架飞机瞬时变为熊熊燃烧的巨大火球。

B-52 上载有 4 枚氢弹,其中 1 枚居然完好无损地坠落在帕洛玛雷斯村村头的一块农田里。另有 2 枚氢弹的高爆物在弹体撞击地面时发生爆炸,弹体裂开,核弹芯崩出了弹体。这一度引起附近居民的极大不安和恐慌。为此,美国刮走了这片土地上的"脏土",运回美国。第 4 枚氢弹坠落进了地中海,美军动员 3000 多人竭尽全力干了将近 3 个月,花费近 2000 万英镑,使用了 18 艘舰船和各种当时最精密、最先进的装备，最终于4月7日8时45分，也就是事故发生后的第79天22小时23分钟之后，取得了前所未有的技术上的成功，这枚氢弹被拉上船，回到了美国人的手中。

◎ 一枚核弹遗失在格陵兰

英国广播公司（BBC）一项调查发现，美军40多年前遗失在格陵兰岛的一枚核弹迄今仍在附近海域。

1968年1月21日，美国空军一架B-52型轰炸机从格陵兰岛北部的图勒空军基地出发，起飞后不久坠毁于图勒空军基地数公里以外的冰层上，事发时机上载有4枚核弹。事发后，军方人员、丹麦工人和当地居民立即前往现场救援。经过数月的大范围搜索，最终找到数千块核弹碎片。美国国防部坚称，所有4枚核弹都已被"摧毁"。但BBC援引《信息自由法》得到的一份美国政府解密文件显示，调查人员在事故发生后数周内把找寻到的碎片拼在一起，发现只有3枚核弹。

1968年4月，美军派遣一艘潜艇前往事发地附近搜寻。格陵兰岛属于丹麦领土，但美国却有意对丹麦政府隐瞒实情。美国政府当年7月一份文件写道："这次行动包括搜寻丢失武器一事属机密级别，严禁泄露他国。"

然而，由于技术限制，加之冬季临近导致冰面冻结，搜寻行动困难重重，最终，美军放弃搜寻行动。解密文件中的图表和注释显示，根本无法搜寻坠机事故后碎片分布的整个区域。

世界核武器问题

◎ 伊朗核武器问题

伊朗的核计划开始于20世纪50年代后期，其核技术大部分是从当时与其关系密切的美国及西方国家引进的。1979年伊朗伊斯兰革命后，其核能项目陷于停滞状态。90年代初，伊朗开始与俄罗斯商谈恢复修建有关核电站问题，并与俄签署《和平利用核能协议》。

1980年与伊朗断交的美国对伊俄核合作十分不满，曾多次指责伊朗以"和平利用核能"为掩护秘密发展核武器，并一直对其采取"遏制"政策。"9·11"事件之后，美国更是将伊朗视为支持恐怖主义的国家和"邪恶轴心"国家之一。

1.2002—2005年间伊朗核问题大事记

2002年9月16日，美国卫星拍到在伊朗纳坦兹的核设施。

2003年2月，伊朗宣布发现并提炼出能为其核电站提供燃料的铀。此后，伊朗的核能发展计划遭到美国的"严重质疑"。长期以来，美国等西方国家一直指责伊朗以和平利用核能为由秘密发展核武器。

2003年9月，

第四章 核武器相关事件

国际原子能机构首次通过决议，要求伊朗尽快签署《不扩散核武器条约》附加议定书，终止提炼浓缩铀试验。此后，为使伊朗彻底终止铀浓缩活动，国际原子能机构先后通过了一系列决议。

2003年12月，在代表欧盟的法德英三国的斡旋下，伊朗正式签署了《不扩散核武器条约》附加议定书。但伊朗一直强调和平利用核能资源的权利，并在暂停铀浓缩活动方面多次出现反复。

2004年11月，法德英三国与伊朗举行了多轮会谈后在巴黎初步达成协议。由于双方存有分歧，巴黎协议最终未能得到落实。

2005年12月，俄罗斯提出伊俄两国在俄境内建立铀浓缩联合企业的提议，以确保伊朗核技术不会用于军事目的。但伊朗表示其铀浓缩活动必须在本国境内进行。

2.2006年伊朗核问题大事记

1月3日，伊朗宣布已恢复中止两年多的核燃料研究工作，并于

10日在国际原子能机构的监督下揭掉了核燃料研究设施上的封条，正式恢复核燃料研究活动。此举引起国际社会的强烈反应。国际社会积极斡旋，要求伊朗停止核燃料研究活动，但伊朗坚持有权和平利用核能。在调解无效的情况下，国际原子能机构理事会于2月4日通过决议，决定把伊朗核问题提交联合国安理会。3月29日，安理会通过主席声明，要求伊朗在30天内中止一切核活动。

由于伊朗拒绝执行安理会主席声明，美、俄、中、英、法、德六国多次举行外长级磋商，最终于6月1日提出一项解决伊朗核问题的新方案，并要求伊朗尽快对这一方案作出答复。伊朗认为，六国方案虽包含"积极措施"，但也有"模糊不清之处"，有待进一步探讨。

对于伊朗的消极反应，六国外长7月12日在巴黎发表声明，决定将伊朗核问题重新提交联合国安理会。尽管声明隐含制裁的威胁，伊朗依然重申，伊朗尊重国际法和国际准则，但决不放弃获得核技术的权利。7月31日，安理会通过第1696号决议，要求伊朗在8月31日之前暂停所有与铀浓缩相关的活动，否则将可能面临国际制裁。伊

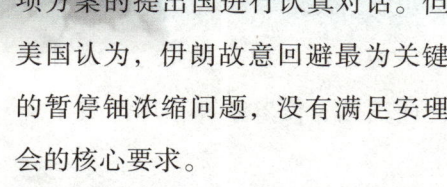

朗随后称,安理会决议"无法接受"。

8月8日,伊原子能组织副主席赛义迪当日向外界宣布,伊已于当日在伊斯法罕附近的一处核设施中恢复铀转化活动。

8月22日,伊朗对六国方案作出了正式答复,表示愿意马上与这项方案的提出国进行认真对话。但美国认为,伊朗故意回避最为关键的暂停铀浓缩问题,没有满足安理会的核心要求。

8月29日,艾哈迈迪·内贾德说,和平利用核能是伊朗的权利,伊将坚持执行相关计划,任何人都不能阻止。

在伊朗拒绝执行安理会第1696号决议后,美极力推动安理会通过对伊制裁的决议。10月24日,英、法、德三国向安理会递交了一份非正式决议草案,要求对伊朗实施严厉制裁。但俄罗斯认为,这些制裁措施过于严厉,必须加以修改。中国也一直主张通过政治和外交努力,以谈判方式和平解决伊朗核问题。

11月以后,俄、美、中、英、法、德六国代表举行了多次非正式磋商,但一直未能在制裁方案上达成一致意见。12月8日,英、法、德三国向联合国安理会15个理事国散发了一份经过修改的伊朗核问题决议草

案。但俄罗斯对草案中有关禁止相关人员出国旅行和实施金融制裁等条款表示反对，六国未能就决议草案达成一致。

英、法、德三国12月20日再次向美国、俄罗斯和中国散发了经过修改的伊核问题决议草案，不再坚持对与伊朗核计划有关人员实施旅行禁令。但俄方强调草案中还有一些问题有待解决。

12月23日，联合国安理会一致通过第1737号决议，要求伊朗立即停止所有与铀浓缩、重水反应堆有关的活动，决定对伊朗实行一系列与其核计划和弹道导弹项目有关的禁运、冻结资产和监督相关人员出国旅行等制裁措施。

3. 2007年伊朗核问题大事记

2月22日，国际原子能机构总干事巴拉迪向该机构理事会和

第四章 核武器相关事件

联合国安理会提交了有关伊朗履行安理会第 1737 号决议情况的报告。报告认定伊朗未能在规定的限期内停止铀浓缩活动。同日，伊朗原子能组织副主席赛义迪随即重申，伊朗不能接受联合国安理会第 1737 号决议要求伊朗停止铀浓缩活动的相关规定，将继续实施自己的核计划。23 日，伊朗总统艾哈迈迪·内贾德说，伊朗决不屈服于西方国家的压力，将继续坚定地发展和平利用核能计划。

3 月 24 日，联合国安理会通过有关伊朗核问题的第 1747 号决议。

加大了对伊朗核与导弹计划相关领域的制裁，同时强调继续通过谈判解决伊朗核问题。伊朗总统艾哈迈迪·内贾德 25 日说，联合国安理会就伊朗核问题通过的新决议是"非法的"，伊朗的核计划不会因为该决

议而停止。伊朗政府28日决定，伊朗国家原子能组织从当天开始部分中止与国际原子能机构的合作关系。

4月9日，伊朗总统艾哈迈迪·内贾德宣布，伊朗已有能力进行"工业规模"核燃料生产。次日，伊还宣称制订了在纳坦兹核设施内安装5万台用于铀浓缩活动的离心机的相关计划。

5月23日，巴拉迪向联合国安理会提交伊朗核问题报告，认定伊朗不仅未遵从安理会第1747号决议暂停铀浓缩活动，反而扩大了铀浓缩活动。

5月30日，八国集团外长会议在德国波茨坦发表主席声明，要求伊朗履行联合国安理会相关决议，停止一切与铀浓缩有关的活动，以便能通过谈判解决问题。

7月11日至12日，由国际原子能机构副总干事海诺宁率领的国际原子能机构工作组抵达德黑兰进行访问，与伊朗有关方面举行了三轮闭门会谈，双方就通过谈判解决伊朗核问题的准则达成实质性协议。

8月21日，伊朗和国际原子能机构就旨在解决伊朗核计划中悬而未决问题的行动计划达成协议。根据协议，伊朗将在年底之前向该机构提供有关核问题的敏感信息，并回答未决问题。

8月27日，伊朗在维也纳向国际原子能机构提交了一份它与该机构达成协议的备忘录，其中包括允许该机构检查伊朗境内相关核设施以及向该机构提供相关敏感信息的时间表。8月28日，伊朗总统艾哈迈迪·内贾德说，伊朗已经是一个"核国家"，将继续推行其和平利用核能的计划。

8月30日，巴拉迪向国际原子能机构理事国提交一份内部报告，认为伊朗在与该机构合作澄清其核计划中悬而未决问题方面取得进展，但伊朗依然没有暂停铀浓缩活动。

9月20日，美国总统布什表示，美国不会容忍伊朗研制核武器，但美国主张通过外交手段解决伊朗核问题。9月25日和26日，美国众参两院先后通过加强对伊朗制裁的法案，呼吁美国务院把伊朗革命卫队定性为恐怖组织，并对伊朗革命

第四章 核武器相关事件

卫队及其下属公司进行制裁。

10月25日，美政府宣布对包括伊国防部在内的20多个政府机构、银行和个人实施制裁，以惩罚伊朗"支持恐怖主义"和"进行扩散大规模杀伤性武器活动"。

10月28日，国际原子能机构总干事巴拉迪在华盛顿接受美国有线电视新闻网采访时说，没有证据表明伊朗正在研制核武器。

11月7日，伊朗总统艾哈迈迪·内贾德在伊朗东北部城市比尔詹德对当地群众发表演讲时说，伊朗目前已生产出3000台用于铀浓缩的离心机，并表示伊朗不会在核权利上后退。

11月15日，巴拉迪向原子能机构理事国提交有关伊朗核问题报告。报告认为伊在澄清其核计划方面与原子能机构的合作是"足够"的，但报告未就伊是否发展核武器得出明确结论。同日，伊朗总统艾哈迈迪·内贾德表示，国际原子能机构提交的有关伊朗核问题报告"证明了伊朗的清白"，伊朗首席核谈判代表、最高国家安全委员会秘书贾利利也对巴拉迪公布的伊核问题报告表示欢迎，称该报告证明了有关伊朗核计划基于军事用途的说法都是谎言；而美国当日则重申，将继续推动联合国安理会对伊朗坚持进行核活动的行为实施新的制裁。

11月30日，伊朗首席核谈代表贾利利与欧盟负责外交和安全政策的高级代表索拉纳在伦敦举行了长达5小时的磋商会谈后对记者说，即使联合国安理会通过新的制裁决议，伊朗也不会放弃铀浓缩活动。

12月3日，美国情报机构公布了有关伊朗核问题的报告，称伊朗在2003年停止了核武器项目，而且迄今未予重启。但美国总统布什声称，伊朗仍是威胁，国际社会应继续对伊朗保持压力。

12月4日，伊朗外长穆塔基发表讲话，对美情报机构的报告表示欢迎，称该报告证明了伊朗核活动的和平性质。5日，艾哈迈迪·内贾德发表讲话，认为该报告实际上宣告了伊朗核计划的"胜利"。此后，伊朗对报告中有关伊朗在2003年前发展核武器的内容予以否认，称该报告"只有部分内容准确"。

4.2008年伊朗核问题大事记

1月12日,伊朗最高领袖哈梅内伊在同来访的国际原子能机构总干事巴拉迪会谈时说,联合国安理会没有理由关注伊朗核问题,应当将伊核问题退回国际原子能机构处理。

1月13日,国际原子能机构证实,伊朗已同意将在4个星期内回答有关其核计划的未决问题,包括其核计划的性质、规模等。

1月22日,德国外长施泰因迈尔在柏林说,出席伊朗核问题六国外长会议的各国外长当天已就有关伊朗核问题的新联合国安理会决议草案的要点达成一致,代表欧盟的英、法、德三国将向联合国安理会正式提交这份草案。在接下来的几周内,安理会将就该草案的文本进行讨论。施泰因迈尔没有透露新草案文本的内容,也没有提及制裁伊朗的问题。

1月25日,据联合国外交人士透露,美国、俄罗斯、中国、英国、法国和德国六国在其达成的联合国安理会新决议草案要点中提出适度加大对伊朗的制裁,但同时强调继

第四章 核武器相关事件

续寻求通过外交手段解决伊朗核问题。这份长达5页的要点文本，与安理会2007年3月通过的第1747号决议相比，要点中首次增加了强制性旅行禁令的内容，要求各国禁止决议中指定的一些与伊朗核项目有关的人员入境或中转。其他主要内容还包括：建议冻结更多与核项目有关的伊朗人员和实体的资产；呼吁各国在与伊朗进行贸易时保持警惕，如在提供出口信贷以及保险等方面；对伊朗金融机构，尤其是对伊朗国家银行和伊朗出口银行的活动保持警惕；检查来自或准备运往伊朗的货物，防止违禁物品进出伊朗。

2月11日，伊朗总统艾哈迈迪·内贾德在德黑兰参加纪念伊斯兰革命胜利的活动时表示，伊朗将坚定不移地发展自己的核计划，不会在核权利上后退。

2月22日，国际原子能机构总干事巴拉迪就伊朗核问题发表报告，指出伊朗仍未彻底澄清其核计划是否具有军事目的。

3月3日，联合国安理会以14票赞成、1票弃权的表决结果通过了关于伊朗核问题的第1803号决议，决定进一步加大对伊朗核计划及其相关领域的制裁，但同时表示将继续加大旨在解决伊朗核问题的外交努力。这是安理会自2006年12月以来通过的第三份对伊朗制裁决议。同日，美国、英国、法国、俄罗斯、中国和德国六国外长在安理会通过决议后发表共同声明，重申致力于通过外交谈判解决伊核问题。

3月5日，据伊朗伊斯兰通讯

社报道，伊朗总统艾哈迈迪·内贾德当天表示，伊朗核问题将只在国际原子能机构内部依据《不扩散核武器条约》和双方的承诺进行处理，伊朗将不会与该机构以外的任何组织或个人就伊核问题进行谈判。他同时强调，联合国安理会近日通过的第三份对伊朗制裁决议对伊朗来说并不重要，也不会对伊朗产生任何影响。

4月8日，伊朗国家电视台援引伊朗总统内贾德的话说，伊朗已开始在纳坦兹核设施安装新一批6000台铀浓缩离心机。伊朗已对效率更高的新型离心机进行了测试。4月11日，伊朗官方的伊斯兰共和国通讯社报道说，伊朗已经在其纳坦兹铀浓缩基地新安装了三组共492台离心机。

4月16日，中、美、俄、英、法、德六国外交部政治总司长及欧盟理事会对外关系总司长在上海举行会议，讨论伊朗核问题复谈方案。中国外交部部长助理何亚非主持会议。与会各方强调将加紧落实六国外长声明，积极推动通过外交谈判解决伊朗核问题。会议通过深入和建设性的讨论，就复谈方案达成了重要共识。会议还就与方案有关的下一步行动深入交换了看法。各方同意保持密切沟通和磋商，继续讨论复谈方案中的一些未决问题。

4月23日，国际原子能机构发言人弗莱明证实，伊朗已与国际原子能机构达成一致，将在2008年5月向该机构澄清其被认为涉及核武器研究的有关情况。

5月2日，伊朗核问题六国外长会议在伦敦举行，会议重申，六国将继续致力于通过外交谈判解决

第四章 核武器相关事件

伊朗核问题,会议就伊朗核问题复谈方案进行了深入讨论并达成一致,决定尽快向伊朗送交这一复谈方案。根据这一方案,六国愿与伊朗就核能、政治、经济、农业、民航等广泛合作领域开展谈判,以寻求全面、长期、妥善地解决伊朗核问题。5月3日,伊朗外交部长穆塔基表示,伊朗要求有关国家不要在制订伊朗核问题新方案的时候"跨越红线"。

5月25日,伊朗最高国家安全委员会秘书、首席核谈判代表贾利利在会见来访的日本外务副大臣佐佐江贤一郎时说,伊朗旨在解决该国核问题的一揽子建议为开启符合逻辑的、维护世界和平与安全的对话创造了良好机会。据报道,伊朗已把解决伊核问题一揽子建议送交欧盟和联合国。

6月3日,伊朗最高领袖哈梅内伊说,伊朗不会在西方压力下放弃核计划,伊朗将坚持这一计划并最终取得成功。

6月12日,美国总统布什在接受法国电视三台采访时重申,在伊朗核问题上,不排除对伊动武的可能。

6月14日,欧盟负责外交和安全政策的高级代表索拉纳正式与伊朗外长穆塔基进行会谈,并递交了美、俄、中、英、法、德六国外长致穆塔基的信函和六国提出的伊朗核问题复谈方案。该方案增加了诸多鼓励性措施,但明确要求伊朗暂停铀浓缩活动。伊朗政府发言人伊尔哈姆当天表示,伊朗不会考虑任何暂停其核计划的要求。伊朗已向联合国、欧盟以及有关国家提交了解决伊朗核问题的一揽子建议。

6月23日,欧盟官员说,当天在卢森堡召开的欧盟部长级会议同意对伊朗实施进一步制裁,包括冻结伊朗金融机构的资产、禁止与伊核计划相关的人员进入欧盟或在欧盟开展商务活动。制裁于24日正式生效。25日，欧盟负责外交和安全政策的高级代表索拉纳表示，欧盟将继续对伊朗采取谈判和制裁双重策略，以促使其停止铀浓缩活动。

7月2日，美国总统布什在白宫对媒体表示，在伊朗核问题上，美国的第一选择是寻求通过外交手段解决。

7月7日，据伊朗伊斯兰共和国通讯社报道，伊朗总统艾哈迈迪·内贾德当天表示伊朗不会停止铀浓缩活动，六国要求其暂停铀浓缩活动是"不合法的"。

据伊朗国家电视台报道，伊朗伊斯兰革命卫队9日进行了多种型号的导弹试射，其中包括成功试射一枚改进型"流星-3"型中程弹道导弹，射程可以覆盖以色列全境及美国设在中东地区的军事基地。

7月13日，据伊朗伊斯兰共和国通讯社报道，伊朗总统艾哈迈迪·内贾德当天表示，他愿意与美国总统布什举行直接会谈。

7月15日，据伊朗新闻电视台报道，伊朗总统艾哈迈迪·内贾德说，伊朗不会接受有关核谈判的任何前提条件。

据伊朗媒体15日报道，伊朗空军司令米加尼当天说，伊朗空军将在近期举行代号为"保卫神圣天空"的大规模演习。

7月16日，伊朗最高领袖哈梅内伊表示，伊朗在有关该国核问题的会谈中有着清楚的"红线"，而且不会屈服于任何威胁。

7月23日，伊朗总统艾哈迈迪·内贾德说，伊朗在核权利问题上不会作出任何让步，西方国家应以更加实际的态度对待伊朗。

7月26日，伊朗总统艾哈迈

第四章　核武器相关事件

迪·内贾德说，伊朗目前已经拥有近6000台离心机。

7月28日，据美国国家广播公司报道，伊朗总统艾哈迈迪·内贾德日前在接受其专访时表示，如果美国转变敌视伊朗的立场，伊朗将予以积极回应。

8月18日，据伊朗伊斯兰共和国通讯社报道，国际原子能机构副总干事海诺宁抵达德黑兰，继续与伊朗官员就伊朗核问题进行会谈。

8月23日，据伊朗伊斯兰共和国通讯社报道，伊朗首座核电站布什尔核电站将于2008年内投入运行。24日，伊朗原子能组织副主席赛义迪说，伊朗正在设计国内第二座装机容量为360兆瓦的核电站。

8月29日，据伊朗伊斯兰共和国通讯社报道，伊朗副外长谢赫阿塔尔28日说，伊朗位于纳坦兹的铀浓缩基地有4000台离心机正在运转。

9月10日，美国财政部宣布对伊朗国有轮船公司等18个附属企业实施经济制裁，理由是这些公司参与了伊朗研制核武器的活动。

9月15日,国际原子能机构向联合国安理会和35个国际原子能机构成员提交了伊朗核问题最新报告。这份长6页的报告说,现阶段,伊朗核问题调查工作陷入僵局,自5月提交上一份伊朗核问题报告以来,调查"未能取得实质进展"。

9月19日,美国国务院发表声明说,美国、中国、俄罗斯、英国、法国和德国六国的官员当天在此间就伊朗核问题举行了会谈,六国重申致力于对伊朗实施制裁和鼓励并重的"双轨"政策。

9月23日,伊朗总统艾哈迈迪·内贾德在联大一般性辩论中发言说,伊朗的核计划是和平的,伊朗拥有和平利用核能的权利。

9月27日,联合国安理会一致通过第1835号决议,敦促伊朗中止敏感核燃料相关活动,重申安理会此前通过的有关伊朗核问题的决议,要求伊朗立即予以全面执行。但决议中并没有包含新的制裁措施。

9月29日,伊朗外交部发言人加什加维重申,伊朗不会暂停铀浓缩活动。

10月5日,伊朗外长穆塔基表示,即使从国外获得核燃料供应保

第四章 核武器相关事件

证,伊朗也不会停止铀浓缩活动。

10月6日,伊朗外交部发言人加什加维说,伊朗没有理由放弃铀浓缩活动,因为伊朗必须自行解决核燃料供应问题。

10月13日,伊朗外交部发言人加什加维说,在解决伊朗核问题的过程中,西方国家除了尽力争取伊朗的信任之外已经没有其他选择。

11月19日,国际原子能机构总干事巴拉迪在维也纳提交给机构理事会的调查报告认为,伊朗的工业化铀浓缩活动仍在进行。但伊朗方面坚称,自己的核计划只用于和平目的,并不顾西方的压力和联合国的有关决议与制裁,继续铀浓缩活动。

11月26日,伊朗副总统兼伊朗原子能组织主席阿加扎德说,伊朗已有5000多台离心机在铀浓缩设施运转。

12月5日,美国总统布什在华盛顿智库布鲁金斯学会演讲时对其任内中东政策进行回顾,重申美国不允许伊朗发展核武器。

5.2009年伊朗核问题大事记

1月28日,伊朗总统艾哈迈迪·内贾德说,美国新政府的对伊

政策必须作出根本性改变，而不仅仅是战术性变化。

2月2日，伊朗议长拉里贾尼呼吁参与伊朗核问题对话机制的六国放弃与伊朗展开谈判的前提条件，从而使有关伊朗核问题的谈判具有"建设性"。

2月4日，参与伊朗核问题对话机制的俄罗斯、美国、英国、法国、德国和中国的代表在德国威斯巴登市表示，他们将致力于通过外交途径解决伊朗核问题，并对美国新一届政府愿与伊朗直接对话表示欢迎。当日，中、美、俄、英、法、德六国外交部政治总司长会议在德国威斯巴登举行，讨论伊朗核问题。中国外交部部长助理刘结一出席。

2月7日，美国副总统拜登在第45届慕尼黑安全会议上说，美国愿意与伊朗就核问题直接对话。

2月20日，据伊朗新闻电视台报道，伊朗驻国际原子能机构代表苏丹尼耶重申，伊朗将继续与国际原子能机构合作，但不会停止铀浓缩活动。21日，伊朗议长拉里贾尼说，剥夺伊朗拥有核技术和核能的权利是无法接受的。25日，伊朗副总统兼伊朗原子能组织主席阿加扎德表示，伊朗的核计划并没有改变，伊朗将逐步安装更多的离心机。当日，伊朗首座核电站竣工，伊朗对首座核电站布什尔核电站进行测试运行，核电站位于布什尔省，由俄罗斯承建。伊朗方面说，核电站将于2009年底开始运转。

3月3日，美国财政部发表声明宣布，由于伊朗国民银行资助本国政府推行核计划及导弹研发计划，11家与之存在业务联系的伊朗公司将受到美国的制裁。这是奥巴马政府1月份执政以来首次宣布对伊朗实施经济制裁。

3月8日，国际原子能机构理事会会议日前在维也纳结束。会议的主要议题是伊朗核问题。法国代表伊朗核问题六方宣读了一份共同声明，表示六方已作好同伊朗进行直接对话的准备。这是伊朗核问题六方首次共同表明一致立场，解决伊朗核问题正面临一个新的契机。

3月10日，美国高级情报官员说，伊朗尚未拥有武器级高浓缩铀；

伊朗最近试射火箭与核计划没有直接关联。

3月21日，伊朗最高领袖哈梅内伊说，美国对伊朗的敌对政策并没有发生变化。

4月8日，美国国务卿希拉里·克林顿宣布，美国将全面参与六国与伊朗间展开的多边核谈判。这是总统贝拉克·奥巴马上任后美政府在伊朗核问题上的又一重大政策调整。

4月9日，伊朗建成首座核燃料工厂，每年可生产40吨核燃料。同日，伊朗副总统兼伊朗原子能组织主席阿加扎德宣布，伊朗位于纳坦兹的核设施目前有约7000台离心机正在运转。11日，伊朗总统内贾德说，伊朗建成首座核燃料工厂，标志着伊朗已掌握了核燃料生产技术。12日，伊朗议长拉里贾尼表示，有关国家应该接受伊朗已是核国家的事实，在就伊朗核问题进行谈判时注重伊朗"不可剥夺的权利"。

4月15日，伊朗总统艾哈迈迪·内贾德说，伊朗正在拟定旨在解决该国核问题的新一揽子建议，并计划将这些新建议送交有关国家。

4月22日，伊朗政府正式声明，伊朗愿就其核问题展开建设性对话，但仍将继续推行自己的核计划。同日，美国国务卿希拉里·克林顿称

伊朗如拒绝核谈判将遭严厉制裁。26日，美国广播公司播发对伊朗总统艾哈迈迪·内贾德的专访。艾哈迈迪·内贾德说，伊朗不会在没有先决条件的情况下同美国举行谈判。

5月20日，伊朗总统艾哈迈迪·内贾德宣布，伊朗当天成功发射一枚射程约为2000公里的"泥石-2"型地对地导弹。美国称导弹计划并不会为伊朗带来更多安全。

5月25日，伊朗总统艾哈迈迪·内贾德表示，伊朗只在国际原子能机构框架内讨论伊朗核问题。他希望与美国总统奥巴马在联合国进行直接辩论。

6月5日，联合国原子能监督部门国际原子能机构说，伊朗违抗安理会决议，已积累了1339千克低纯度六氟化铀。

7月26日，美国国务卿希拉里·克林顿表示，奥巴马政府不会坐视伊朗发展核武器，但仍将会首先考虑通过对话的途径促使伊朗放弃核计划。

8月28日，国际原子能机构就伊朗核问题发表报告，认为机构核查人员在伊朗核查工作的条件得到改善。

9月9日，伊朗外交部长马努切赫尔·穆塔基向联合国五个常任理事国以及德国的外交官递交伊方就本国核计划的一揽子建议。就这些新建议的磋商定于10月1日举行。

9月22日，伊朗原子能组织主

席萨利希说,伊朗已经研制出新一代离心机。

9月25日,国际原子能机构说,伊朗9月21日致函这一机构说,伊朗正在建造第二座铀浓缩工厂。这一消息让西方国家领导人恼火。他们要求伊朗立即开放这座铀浓缩工厂以供核查,还威胁对伊朗采取新制裁措施。同时,美国、法国和英国领导人宣布,三国已确认伊朗正在首都德黑兰以南的库姆附近"秘密"修建第二座铀浓缩设施。伊朗方面对这一说法予以反驳,称这一设施不是秘密,而是完全符合国际原子能机构规定的。

9月28日,伊朗伊斯兰革命卫队在军事演习中成功试射自制的"流星-3"型和"泥石"型中程导弹。

10月1日,欧盟负责外交和安全政策的高级代表索拉纳,以及联合国五个常任理事国和德国的高级外交官在日内瓦与伊朗首席核谈判代表贾利利举行会谈,探寻伊朗核问题可能的解决方案。贾利利表示,伊朗将遵守其在国际原子能机构和《不扩散核武器条约》中的义务,但伊朗也不会放弃其和平利用核能的权利。这是时隔一年多以来各方高级外交官首次就伊核问题举行会谈,也是美国高官首次正式参加对伊会谈。在这次会谈中伊朗方面也发出了积极信号:一是承诺在第二座铀浓缩工厂问题上与国际原子能机构合作,并原则同意由俄罗斯帮助提炼所需浓缩铀；二是同意与上述六国在10月底之前再次就核问题举行会谈。美伊官员还利用会谈间隙举行了非正式双边磋商，这是美伊高官自1980年两国断交以来双方最高级别的双边接触。2008年7月，美、俄、中、英、法、德六国外交部官员在日内瓦与贾利利举行过类似会谈，没有取得明显进展。

10月5日，伊朗外交部发言人加什加维表示，伊朗无法为不存在的核武器提供证据。加什加维当天在新闻发布会上说，伊朗没有核武器，因此伊朗无法证明一个本身不存在的事物的不存在。10月11日，美国媒体报道，美国和以色列声称不排除

第四章 核武器相关事件

军事打击伊朗核设施的可能，但一旦真要动武，达到目的并非易事。

10月14日，美国众议院表决通过一项关于加大对伊朗经济制裁的议案，希望以此促使伊朗放弃颇具争议的核计划。根据众议院通过的这项议案，美国各州、地方政府将获准终止对在伊朗石油和天然气领域有2000万美元以上投资的企业进行投资。

10月15日，美国参议院批准一项制裁伊朗的新议案，旨在禁止向伊朗出售石油制品的外国公司参与美国能源部的招标活动。根据议案，所有向伊朗出售价值超过100万美元石油产品的外国企业将被禁止参与美国能源部合同竞标。

10月19日，在国际原子能机构的安排下，来自美国、俄罗斯及法国的代表在机构总部所在地维也纳与伊朗代表就伊朗从国外采购核燃料问题开始内部磋商。同日，伊朗原子能组织发言人希尔扎迪安说，如果关于伊朗向他国购买纯度较高浓缩铀的谈判未能取得预期效果，伊朗将自行生产纯度达到20%的浓

缩铀。至10月21日中午，磋商结束，未取得直接成果，但同意就国际原子能机构总干事巴拉迪提出的有关方案的可行性进行审查。根据巴拉迪提出的方案，伊朗不自行生产研究性核反应堆所需的纯度更高的浓缩铀，其研究性核反应堆所需的这类核燃料组件在其他国家生产。伊朗表示不接受法国作为其核燃料供应国。美国务卿敦促伊朗迅速解决"低浓铀"外加工问题。美国、俄罗斯和法国已表示支持这一草案。

10月22日，伊朗原子能组织主席萨利希重申，伊朗不会放弃生产更高纯度浓缩铀的权利。26日，

伊朗外长说伊朗有两套方案解决核燃料问题，方案正在商议将很快正式对外宣布伊朗的决定。

10月27日，伊朗新闻电视台报道，伊朗将于30日前就国际原子能机构总干事巴拉迪提出的伊朗核燃料供应问题协议草案作出答复。伊朗总统艾哈迈迪·内贾德当日重申，伊朗拥有和平利用核能的权利。

10月29日，伊朗总统艾哈迈迪·内贾德说，伊朗准备与西方国家在核燃料供应问题上进行合作。11月3日，伊朗最高领袖哈梅内伊说，伊朗不会接受任何由美国预先设置好结果的会谈。

11月7日，伊朗议会国家安全与对外关系委员会主席布鲁杰迪说，伊朗不会用本国的低纯度浓缩铀来换取核燃料，以供应德黑兰研究用核反应堆。

11月16日新华社电，土耳其外长达武特奥卢近日表示，土耳其已代表国际社会就伊朗核燃料处理问题提出新方案，以解决伊朗和国际原子能机构在目前协议草案上的分歧。

11月18日，伊朗外长穆塔基说，伊朗不会把国内生产的低纯度浓缩铀运往国外加工，但可以考虑在伊朗境内进行核燃料交换。

11月22日至26日，伊朗军队和伊朗伊斯兰革命卫队举行大规模联合防空演习，以提高伊朗应对潜在打击的防御能力。本次演习范围覆盖伊朗中部、西部和南部约60万平方公里的领土。此次演习的目的

第四章 核武器相关事件

是提高伊朗应对潜在打击的防御能力，特别是对本国核设施的保卫能力。演习范围也覆盖伊朗境内的各个核设施所在地。

11月24日，伊朗外交部发言人梅赫曼帕拉斯特说，伊朗并不反对把低纯度浓缩铀运往国外，但它需要在获取所需核燃料的问题上得到"百分之百"的保证。其中一个保证就是把伊朗运出的低纯度浓缩铀和国外提供的高纯度浓缩铀在伊朗境内进行"同时交换"。

11月27日，国际原子能机构理事会会议经过磋商，通过了一份针对伊朗核问题的决议，要求伊朗与国际社会"全面合作"，澄清涉及其核计划中的一切未决问题。决议还要求伊朗立即停止库姆城附近核设施的建设工作，并要求伊朗承担义务，在未向国际原子能机构申报的情况下，不得私自批准并建设其他核项目。这是自2006年2月以来，该机构首次通过针对伊朗的决议。同日，伊朗驻国际原子能机构大使索尔塔尼表示，伊朗不会执行国际原子能机构理事会会议当天通过的针对伊朗核问题的决议。

11月29日，伊朗国家电视台网站报道，伊朗政府决定在伊朗境内新建10处铀浓缩设施。政府当天要求伊朗原子能组织在两个月内开始建设已经选定位置的5处铀浓缩设施，并尽快为其他5处找到合适位置。政府决定新建10处与伊朗位于纳坦兹的铀浓缩设施规模相当的铀浓缩设施，以向伊朗核电站提供

兵器百科——核武器 159

足够燃料。

11月30日，伊朗议长拉里贾尼说，伊朗核问题仍然有望通过外交途径解决，伊朗仍然愿意根据国际原子能机构相关规定在《不扩散核武器条约》框架内发展核计划。

12月2日，伊朗总统艾哈迈迪·内贾德说，伊朗核问题早已"完结"，伊朗将自行生产其研究用核反应堆所需的纯度为20%的浓缩铀。

12月15日，伊朗成功试射可覆盖以色列和美国在海湾军事基地的"泥石-2"型导弹。同日，美国国会众议院通过了制裁伊朗的新法案，规定任何向伊朗出口提炼后石油产品或帮助伊朗进口、提炼石油的个人或企业将受到美国制裁。伊朗同美国关系绷得更紧。

12月18日，伊朗原子能组织主席萨利希说，伊朗目前正在制造两种新型离心机。新型离心机名为"IR3"和"IR4"，计划在2011年3月前投入运行。目前研究人员正在对这两种新型离心机进行必要的测试，测试工作即将结束。萨利希表示，伊朗并不急于将这些离心机应用到工业化生产领域。伊朗外交部长穆塔基日前表示，伊朗愿意在邻国土耳其境内与有关方面进行核燃料交换。

6.2010年伊朗核问题大事记

1月2日，伊朗外交部长穆塔基说，伊朗已经向西方国家发出"最后通牒"，要求它们在一个月内接受伊朗提出的核燃料交易提议。西方国家须在1月底之前就伊朗的核燃料交易提议作出决定，否则伊朗将依靠本国的专家生产纯度较高的浓缩铀。

1月4日，法国外交部长贝尔纳·库什内说，法国拒绝接受伊朗向西方国家提出的核燃料交换方案。同日，美国国务卿希拉里·克林顿说，美国正和其他国家协商，准备对伊朗实施制裁。白宫方面说，总统奥巴马本周将召集国家安全团队，确定针对伊朗的下一步行动。对此，伊朗外交部发言人梅赫曼帕拉斯特重申，制裁不能阻止伊朗实施和平利用核能的计划。

1月11日，伊朗外交部发言人梅赫曼帕拉斯特说，伊朗已经准备好就核燃料交换地点同西方国家进行讨论。

1月16日，美国、俄罗斯、中国、法国、英国和德国六国代表在纽约举行会谈，讨论伊朗核问题，但会议没有达成任何一致性意见。六国代表在会后没有发表共同声明，只是通过主持会议的欧盟官员口头发布一份简短会议纪要，重申将继续坚持制裁与接触相结合的双轨策略。

1月28日，美国国会参议院通过一项关于加大对伊朗制裁的议案，以支持奥巴马政府通过制裁措施迫使伊朗政府放弃核计划。

2月2日，伊朗总统艾哈迈迪·内贾德表示，将伊朗的低纯度浓缩铀运往国外加工成核燃料"没有问题"。这一态度变化是个积极而又微妙的信号。

2月7日，伊朗总统艾哈迈迪·内贾德下令让伊朗原子能组织为生产纯度为20%的浓缩铀着手相关工作，但同时表示伊朗仍然愿意就核燃料交易问题与有关国家进行磋商。同日，伊朗原子能组织主席萨利希说，伊朗将于9日开始生产20%纯度浓缩铀的相关工作。美国、德国和英国等当天纷纷作出回应，继续向伊朗施压。

2月9日，伊朗原子能组织主席萨利希宣布，伊朗当天开始生产纯度为20%的浓缩铀。对于伊朗的这一举动，国际社会极大关注，特别是西方国家反应强烈。

2月11日，伊朗总统艾哈迈迪·内贾德宣布，伊朗已生产出第一批纯度为20%的浓缩铀，并计划在一年内着手新建两座铀浓缩工厂。

2月16日，伊朗总统艾哈迈迪·内贾德说，伊朗如果获得核燃料供应保障，可暂停自行生产较高纯度浓缩铀。

2月19日，伊朗最高领袖哈梅内伊重申，核武器在伊朗是"违禁的"，伊朗并不寻求发展核武器。

2月22日，伊朗原子能组织主席萨利希说，伊朗计划在伊朗历的明年内，即2010年3月21日至2011年3月20日，开始建造两座新的铀浓缩设施。

2月23日，据伊朗伊斯兰共和

国通讯社报道，伊朗近日致函国际原子能机构，表示愿意在本国境内用低纯度浓缩铀换取有关方面提供的核燃料。

3月11日，美国副总统拜登称，伊朗核武化会危及地区乃至全球安全，美国将坚决阻止伊朗获得核武器。

3月17日，伊朗原子能组织主席萨利希说，伊朗准备一次性以其生产的1200公斤纯度为3.5%的浓缩铀交换约120公斤纯度为20%的浓缩铀。但此项交换必须在伊朗境内进行。这是伊朗首次公开表示愿意一次性交换1200公斤低纯度浓缩铀，此前伊朗只同意分批

第四章 核武器相关事件

交换。

4月9日,伊朗总统艾哈迈迪·内贾德宣布,伊研制出第三代离心机,并宣称将在纳坦兹核设施安装6万台第三代离心机,每年为6座核电厂提供燃料。

4月25日,伊朗外长穆塔基在维也纳表示,伊朗愿与国际原子能机构就遭搁浅的核燃料交换方案进行商谈。

4月27日,伊朗外长穆塔基在德黑兰表示,伊朗希望在不远的将来实施核燃料交换方案。

5月17日,伊朗外交部发言人迈赫曼帕拉斯特在德黑兰宣布,经过数小时的紧张谈判,伊朗已经与土耳其、巴西签署核燃料交换协议。根据协议,伊朗同意将本国约1.2吨纯度为3.5%的浓缩铀运往土耳其,用以交换120公斤纯度为20%的浓缩铀。

5月18日,经过一个多月的密集磋商,美国、英国、法国、中国、俄罗斯和德国宣布就安理会制裁伊朗最新决议草案达成一致,并向安理会全体理事国散发了草案文本。

5月23日,伊朗政府正式向国际原子能机构递交信函,向该组织通报17日伊朗与土耳其、巴西在德黑兰签署的核燃料交换协议内容。24日,伊朗代表证实,伊朗当天正式通知国际原子能机构,伊朗已与巴西和土耳其签署在国外进一步提纯低浓铀的协议。

◎ 朝鲜核武器问题

朝鲜核问题，是指因朝鲜开发核应用能力而引起的地区安全和外交等一系列问题，相关方为美国、中国、韩国、俄罗斯和日本。

1. 问题出现

朝核问题始于20世纪90年代初。当时，美国根据卫星资料怀疑朝鲜开发核武器，扬言要对朝鲜的核设施实行检查。朝鲜则宣布无意也无力开发核武器，同时指责美国在韩国部署核武器威胁它的安全。第一次朝鲜半岛核危机由此爆发。

根据国际原子能机构（IAEA）的资料，朝鲜于20世纪50年代末开始核技术研究。60年代中期，在苏联的帮助下，朝鲜创建了宁边原子能研究基地，培训了大批核技术人才。当时，朝鲜从苏联引进了第一座800千瓦核反应堆，使朝鲜核技术研究初具规模。此后，宁边成为朝鲜核工业重地。宁边核设施位于朝鲜首都平壤以北约130公里处，是朝鲜主要的核研究中心。宁边5

兆瓦核反应堆属于石墨反应堆，于1980年动工，1987年建成。这种核反应堆的废燃料棒可被用来提取制造核武器的原料——钚。

美国从1958年开始，在朝鲜半岛南部及其临近地区部署了大约2600件核武器。部署在韩国的核武器主要是短程核导弹、核炮弹等，其针对朝鲜的目的很明确，同时也为韩国提供了核保护伞。

尽管苏联和中国都曾经对朝鲜的安全做出过承诺，但是，这种承诺似乎都不包括提供核保护伞；而且，在朝鲜战争结束后，苏联和中国都没有在朝鲜长期驻军，因此，在核领域的安全问题上，朝鲜与中国或者苏联的关系并不密切。

2. 导致后果

首先，朝鲜在安全上更倾向于发展战略武器的能力，而不是依赖与苏联或中国的军事同盟关系。其次，由于当时苏联和中国在安全上给朝鲜的承诺不包括核领域，因此，两国对朝鲜核武器发展政策的影响力也极其有限。

1974年，朝鲜加入国际原子能机构（IAEA）；1985年12月，朝鲜加入《不扩散核武器条约》。按照该条约规定，成员国必须接受国际原子能机构（IAEA）对其核设施的检查，但朝鲜却一直拒绝接受其检查。

美国从20世纪70年代起关注朝鲜的核项目，1988年下半年，美国正式对国际宣称朝鲜在宁边的核反应堆已经能生产可制造两至三枚原子弹的钚，此举立刻引起朝鲜的强烈反应和国际社会的广泛关注。

1991年9月27日，前任美国总统乔治·赫伯特·沃克·布什宣布，撤除美国部署在世界各地的主要战

术核武器。这是当时东西方全球战略互动的一部分，它在事实上大体满足了朝鲜要求美国撤出驻韩国核武器的呼吁，客观上推动了朝鲜核问题的积极转变。

1991年底，朝鲜半岛北南双方签署了互不侵犯协定。韩国政府宣布韩国不存在任何核武器，表明美国已经完全撤除其部署的核武器。朝韩双方签署了《朝鲜半岛无核化宣言》。

1992年1月底，朝鲜与国际原子能机构（IAEA）签署了接受安全保障协议。1992年5月至1993年2月，朝鲜接受了国际原子能机构（IAEA）6次不定期核检查。但是，1992年下半年，国际原子能机构（IAEA）与朝鲜就视察问题出现摩擦。

1993年3月12日，朝鲜第一次宣布退出《不扩散核武器条约》。在朝鲜的宣布生效之前，美国和

第四章 核武器相关事件

朝鲜进行了副部长级的谈判，并于1993年6月11日达成一个联合声明。原则上，这次核危机得以解决，但实际上双方仍有很多争执。

1994年5月30日，联合国安理会提出对朝鲜进行核项目调查并对其进行制裁。1994年6月，美国前总统卡特前往平壤斡旋，与朝鲜政府达成了《朝核问题框架协定》，此协议是朝鲜核危机的直接渊源。按照《朝核问题框架协定》的要求，朝鲜必须冻结其各种核项目，并在所有核设施上加装监控系统，禁止一切关闭项目的重启。

因担心朝鲜发展核武器，1994年10月21日，美国与朝鲜在日内瓦签署了一项关于朝核问题的《朝美核框架协议》，朝鲜冻结其核设施，美国牵头成立朝鲜半岛能源开发组织，负责为朝鲜建造轻水反应堆并提供重油，以弥补朝鲜停止核能计划造成的电力损失。此后，宁边5

兆瓦反应堆中8000根废燃料棒被取出封存。

然而，美、日、韩三国协助朝鲜拆卸石墨反应堆并帮助朝鲜建设两座轻水反应堆的承诺一拖再拖。而这两座反应堆的发电能力约为2千兆瓦。

2001年，美国总统乔治·沃克·布什上台后，美国对朝政策变为强硬，并于2002年初将朝鲜与伊朗、伊拉克一起称为"邪恶轴心"，媒体披露的美国《核态势审议报告》也将朝鲜列为使用核武器的对象之一。

2002年10月美国总统特使、助理国务卿凯利访问平壤后，美国宣布朝鲜"已承认"铀浓缩计划，并指控朝鲜正在开发核武器。朝鲜则表示，朝鲜"有权开发核武器和比核武器更厉害的武器"。同年12月，美国以朝鲜违反《朝美核框架协议》为由停止向朝提供重油。随后，朝鲜宣布解除核冻结，拆除国际原子能机构（IAEA）在其核设施上安装的监控设备，重新启动用于电力生产的核设施。

2003年1月10日，朝鲜政府发表声明，宣布再次退出《不扩散核武器条约》，但同时朝鲜表示无意开发核武器。朝鲜核危机正式爆发。

第四章 核武器相关事件

3. 地下核试验

2003年8月27日至29日，中国、朝鲜、美国、韩国、俄罗斯和日本在北京举行六方会谈。

2005年9月，第四轮六方会谈达成共同声明。朝方承诺，放弃一切核武器及现有核计划，早日重返《不扩散核武器条约》；美方确认，美国在朝鲜半岛没有核武器，无意以核武器或常规武器攻击或入侵朝鲜。

2005年11月，第五轮六方会谈第一阶段会议在北京举行，最终达成《主席声明》，各方重申将根据"承诺对承诺、行动对行动"原则早日实现朝鲜半岛无核化目标。

2006年10月9日，朝鲜宣布成功进行一次地下核试验。

2007年2月8日，第五轮六方会谈第三阶段会议在北京举行。2月13日，六方达成共同文件。

2007年7月14日，在韩国运送的第一批6200吨重油抵达朝鲜先锋港后，朝方关闭宁边核设施。同日，国际原子能机构的核查人员时隔5年后重返朝鲜，前往宁边地区监督和验证关闭核设施。

2007年10月3日，第六轮六

方会谈第二阶段会议通过了《落实共同声明第二阶段行动》的共同文件。根据文件，朝鲜应在2007年年底前完成宁边核设施的去功能化并全面申报核计划；美国根据朝方行动并行履行其对朝承诺。

2008年1月1日，因双方就申报问题存在分歧，朝鲜错过原定申报核计划期限。

2008年5月8日，朝鲜向当天抵达平壤访问的美国国务院韩国科科长金成递交共有1.8万多页的朝鲜核计划文件。美国政府称此举为核查朝鲜核计划的"重要一步"。

2008年8月26日，朝鲜宣布，由于美国拒绝将朝鲜从所谓"支持恐怖主义"国家名单中除名，朝方已停止宁边地区核设施的去功能化作业，并"考虑采取按原状重新恢复宁边核设施的措施"。

2008年10月11日，美国宣布将朝鲜从所谓"支恐"国家名单中除名。朝鲜12日宣布，重新开始去功能化进程。国际原子能机构调查人员随后获许进入宁边核设施。

2009年4月5日，朝鲜中央通

第四章 核武器相关事件

讯社发表新闻公报，宣布朝鲜于当地时间4月5日11时20分（北京时间10时20分）成功发射"光明星2号"试验通信卫星。

2009年4月13日，联合国安理会就朝鲜发射问题一致通过一份主席声明。声明说，发射活动违背了安理会2006年通过的第1718号决议，安理会对此表示"谴责"，要求朝鲜不再进行进一步的发射活动。

2009年4月25日，朝鲜外务省宣布，朝鲜已开始对从试验核反应堆中取出的乏燃料棒进行再处理。

2009年4月29日，朝鲜外务省发表声明说，如果联合国安理会不就侵犯朝鲜自主权的行动"赔礼道歉"，朝鲜将再次进行核试验和试射洲际弹道导弹。

2009年5月25日，朝鲜宣布成功实施核试验，称这次核试验在爆炸当量和控制技术方面取得进展，进一步提高了核威慑能力。

4. 朝鲜的核设施

20世纪50年代末，朝鲜就已开始了核技术的研究工作。苏联在1965年帮助朝鲜建立了"宁边原子

能研究所"，培训了部分核技术人才。宁边成为朝鲜的核工业重地，这里能提炼浓缩的铀元素，可用于生产核武器，因而也成为美国和国际原子能机构（IAEA）格外关注的地方。

到20世纪末，朝鲜相继建成了6个核研究中心、2座研究性质的核反应堆和1座核电试验堆，已

在全国范围内探明可开采的铀储量多达400万吨,有6座铀矿可以开采。

朝鲜已建成3座二氧化铀转化厂、1座天然铀燃料组件制造厂和1个核废料贮存场,基本建成了从铀矿开采到核废料处理的核燃料循环体系,具备了研究、制造核武器的能力。

1989年,朝鲜承认在宁边建成的一个电功率为5兆瓦的石墨冷却研究用反应堆。因为铀燃料棒外表锆层破损,不得不对核废料进行后处理,并因此获得130克钚。

根据1994年10月朝美两国在日内瓦签署的关于朝核问题的《框架协议》,朝鲜冻结其现有的核计划,美国则负责在大约10年时间内为朝鲜建造一座2000兆瓦或两座1000兆瓦的轻水反应堆;在轻水反应堆建成前,美国将同其他国家一起向朝鲜提供重油,以弥补朝鲜停止核能计划造成的电力损失。

为了履行美朝核框架协议,并为此筹集资金和提供技术,在美国的推动下,朝鲜半岛能源开发组织于1995年3月9日在纽约成立,成员包括韩国、日本、加拿大、澳大利亚、新西兰、芬兰、阿根廷、智利和部分欧盟成员国。同年6月13日,朝鲜和美国在吉隆坡达成落实日内瓦核问题框架协议的具体方案。双方重申履行日内瓦协议的政治承诺。轻水反应堆的模式将由能源开发机构选定,它将是由美国设计、采用美国技术、当前正在生产的先进型。朝美双方将尽早缔结有关轻水反应堆的协议。同时,朝鲜将尽早与能源开发组织举行谈判,解决悬而未决的问题。

1995年12月15日,以美国为首的朝鲜半岛能源开发组织与朝鲜在纽约签署了向朝鲜提供两座轻水反应堆的协议。根据协议,这两座分别为1000兆瓦的轻水反应堆将于2003年建成完工,朝鲜半岛能源开发组织将负责提供建造两座轻水反应堆的技术和资金。而朝鲜将在轻水反应堆建成之后的20年内,每半年支付一次不带利息的建造费。

1997年7月,朝鲜与半岛能源开发组织决定同年8月开始动工修建轻水反应堆。但在《框架协议》

执行过程中,由于美国不断怀疑朝鲜仍在继续从事核武器的开发,加上资金筹措困难等因素,使原计划2003年完工的电站工程一拖再拖。

2002年12月,美国以朝鲜违反核框架协议为由停止每年向朝鲜提供50万吨重油,朝鲜则宣布解除核冻结,重新启动电力生产所需的核设施。

2003年1月,朝鲜退出《不扩散核武器条约》。11月6日,朝鲜宣布,由于美国通过朝鲜半岛能源开发组织停止履行朝美核框架协议中关于在朝鲜建设轻水反应堆的义务,美国必须向朝鲜支付违约金。在此之前,朝鲜将扣押为轻水反应堆建设而运入施工地区的所有装备、材料及技术资料。11月21日,朝鲜半岛能源开发组织在纽约宣布,该组织在朝鲜建设两座轻水反应堆的工作暂停1年,至2004年12月1日。2004年11月,朝鲜半岛能源开发组织宣布把在朝鲜修建轻水反应堆的计划再冻结1年,在2005年12月1日冻结期满之前再对计划的前景加以评估,并作出决定。

5. 朝核问题大事记

朝鲜半岛自朝鲜战争以来一直存在着军事对峙,朝核问题实际上是冷战对抗的延续。朝鲜指控美国对其国家安全构成最大威胁,美国则坚持朝鲜半岛无核化。朝鲜认为,朝鲜核问题是由美国敌视朝鲜政策造成的,要解决核问题首先需美国转变对朝政策。朝鲜重申,只要美国不放弃敌视朝鲜政策,朝鲜也就不能放弃核遏制力。为解决问题,朝鲜一直要求与美国进行直接对话,并多次提议与美国签订互不侵犯条约,但美国则要求朝鲜先行放弃核计划,并坚持认为处理朝核问题的恰当方式是通过多边对话。

为和平解决朝鲜半岛核危机,中国政府积极斡旋。2003年4月23日至25日,中、朝、美三方在北京举行了三方会谈。朝鲜在会谈中曾提出同时消除美朝安全疑虑的一揽子解决方案,要求美国作出回应。同年8月27日至29日,中国、朝鲜、美国、韩国、俄罗斯和日本在北京举行首轮六方会谈。

(1) 2005年朝核问题大事记

5月,朝鲜宣布从核反应堆内取出8000根废燃料棒,并称由于美国布什政府2002年12月撕毁了以提供轻水反应堆为核心内容的朝美框架协议,并以核武器对朝鲜进行威胁,朝鲜重新启动了根据框架协议冻结的5兆瓦核反应堆,并恢复了5万千瓦和20万千瓦核反应堆的建设工作。

9月19日,第四轮六方会谈经过两个阶段的艰苦谈判,与会各方一致通过了六方会谈启动以来的首

份共同声明：朝方承诺，放弃一切核武器及现有核计划；美方则确认，无意以核武器或常规武器攻击或入侵朝鲜；朝方声明拥有和平利用核能的权利，其他各方对此表示尊重。

此后，美国财政部认定朝鲜利用澳门汇业银行账户从事洗钱和制造假美钞的活动，下令美国金融机构中断与这家银行的商业往来。澳门汇业银行随即中止了与朝鲜的业务，包括冻结朝鲜政府存在银行的2500万美元资金。朝鲜则否认美国的指控。

11月，朝核第五轮六方会谈第一阶段会议在北京举行，会议最终达成具有指导意义的《主席声明》。各方重申将根据"承诺对承诺、行动对行动"原则全面履行共同声明，早日实现朝鲜半岛无核化目标，维护朝鲜半岛及东北亚地区的持久和平与稳定。

（2）2006年朝核问题大事记

朝美双方围绕"伪造美元"和"金融制裁"问题争执不下，六方会谈陷入僵局。美国声称"金融制裁"针对的是非法行为，与六方会谈"无关"。朝鲜认为，美国没有证据就对朝鲜实行"金融制裁"，表明美国依然对朝鲜实行敌视政策。朝鲜强调，美国必须解除"金融制裁"，否则朝鲜不会重返六方会谈。

7月6日，朝鲜外务省发言人证实，朝鲜确实发射了导弹，但此举是朝鲜"加强自卫国防力量的军事训练的一部分",与旨在解决朝鲜半岛核问题的六方会谈无关。朝鲜通过对话和协商实现朝鲜半岛无核化目标的决心"至今没有变化"。

7月15日,联合国安理会以15个理事国一致赞成的方式通过了关于朝鲜试射导弹问题的第1695号决议,对朝鲜导弹试射表示严重关切和谴责,要求朝方重新作出暂停导弹试验的承诺。朝鲜外务省16日发表声明,强烈反对1695号决议,表示朝鲜将不受这一决议的任何约束。

10月3日,朝鲜外务省发表声明,宣布朝鲜将在科学研究领域进行核试验,并强调朝鲜希望通过对话和协商实现朝鲜半岛无核化的原则立场"没有变化"。联合国安理会6日发表主席声明,要求朝鲜取消计划中的核试验,立即无条件重返六方会谈,并警告朝鲜,如果无视国际社会劝阻坚持进行核试验,安理会将采取进一步行动。

10月9日,朝鲜宣布成功地进行了一次地下核试验。朝鲜此举引起国际社会的极大关注。

第四章　核武器相关事件

10月14日，联合国安理会一致通过第1718号决议，对朝鲜核试验表示谴责，要求朝方放弃核武器和核计划，立即无条件重返六方会谈，并决定针对朝鲜核、导等大规模杀伤性武器相关领域采取制裁措施。

12月18日至22日，第五轮六方会谈第二阶段会议于在北京举行。会后发表第四份《主席声明》，以"两个重申"向外界传达了六方在本阶段会谈中取得的共识：重申通过对话和平实现朝鲜半岛无核化是各方的共同目标和意志；重申认真履行9·19共同声明，根据"行动对行动"原则，尽快采取协调一致步骤，分阶段落实共同声明。

（3）2007年朝核问题大事记

2月13日，第五轮六方会谈第三阶段会议通过了《落实共同声明起步行动》的共同文件（2·13共同文件），内容包括朝方关闭并封存宁边核设施，以及各方同意向朝鲜提供价值相当于100万吨重油的经济、能源及人道主义援助，其中首批援助为5万吨重油。按照文件规定，与会各方应在4月14日前落实文件内容。

3月13日至14

日，国际原子能机构（IAEA）总干事巴拉迪对朝鲜进行访问，朝方表示愿与国际原子能机构合作，关闭宁边核设施。

3月19日至22日，第六轮六方会谈在北京举行。会后各方发表了第一阶段会议主席声明。各方重申将认真履行在9·19共同声明和2·13共同文件中做出的承诺。

6月21日至22日，朝核问题六方会谈美国代表团团长、美国助理国务卿希尔访问朝鲜。访问期间，他与朝鲜外相朴义春、副外相、六方会谈朝鲜代表团团长金桂冠"举行了很好的会谈"。22日，希尔在首尔说，朝鲜已经准备迅速关闭宁边核设施。25日，朝鲜外务省发言人在平壤宣布，被冻结在澳门汇业银行的朝鲜资金转移问题已经解决。朝鲜将开始履行朝核问题六方会谈达成的《落实共同声明起步行动》共同文件。26日，国际原子能机构工作代表团一行4人抵达平壤，开始对朝鲜进行访问。访问期间，代表团与朝鲜原子能总局官员进行了多次会谈，并在朝方的大力协助下视察了宁边地区的核设施。代表团团长、国际原子能机构副总干事海诺宁说，通过会谈，代表团已经与朝鲜方面就关闭和封存宁边核设施

的验证程序问题达成了共识。

7月14日,在韩国运送的第一批6200吨重油抵达朝鲜先锋港后,

朝方关闭了宁边核设施。同日,国际原子能机构的核查人员时隔5年后重返朝鲜,前往宁边地区监督和验证关闭核设施。

7月20日,第六轮六方会谈团长会议在北京闭幕并发表新闻公报,各方就下一阶段工作达成四点框架共识,并制定了三步实施"路径"。

8月2日,美方首席代表、助理国务卿希尔说,朝鲜已同意在2007年底前全面申报其核计划并使所有核设施"去功能化"。

9月1日至2日,美朝双边工作组第二轮会谈在日内瓦举行,双方就朝鲜全面申报其核计划并使所有核设施"去功能化"达成共识。

10月3日，朝核问题第六轮六方会谈第二阶段会议通过了《落实共同声明第二阶段行动》共同文件，即"10·3共同文件"。根据文件，朝鲜将在2007年年底前完成宁边核设施的去功能化并全面申报核计划，美国将根据朝方行动履行其对朝承诺。

11月1日，美国核专家组抵达朝鲜，参与宁边核设施的去功能化工作。

11月27日至29日，由中国、韩国、日本、美国和俄罗斯等5国官员和专家组成的10人调查团抵达平壤，对朝鲜核设施去功能化情况进行了实地调查。调查团成员之一、中国外交部朝鲜半岛事务大使陈乃清说，目前去功能化工作总体进展顺利。

12月3日至5日，美国助理国务卿、朝核问题六方会谈美国代表团团长希尔访问朝鲜，考察宁边核设施去功能化的进展情况，并与朝官员讨论朝申报核计划问题。5日，希尔转交了美国总统布什给朝鲜最高领导人金正日的亲笔信。布什在信中谈及两国关系正常化是最终目标。

12月14日，美国总统布什在华盛顿再次呼吁朝鲜全面申报其核计划和核扩散行为。

（4）2008年朝核问题大事记

1月4日，朝鲜全面阐述其履行"10·3共同文件"的立场，认为美国等有关方面没有及时履行协议，并指出"10·3共同文件"的执行被延迟，责任不在朝鲜。随后，美方表示，朝鲜并没有提交正式的核计划申报书，并多次强调，在朝鲜进行完整、准确的申报之前，美国不会启动将朝鲜从"支持恐怖主义国家"的名单中删除和对朝终止适用《敌国贸易法》的程序。

3月13日，朝核问题六方会谈美国和朝鲜两国代表团团长在日内瓦举行会谈，但双方未就朝鲜申报核计划等具体问题达成协议。

4月8日，朝核问题六方会谈美朝两国代表团团长在新加坡会晤。双方在履行六方会谈共同文件的关键问题上达成共识。

4月22日至24日,美国朝核问题工作小组访问平壤,与朝鲜讨论了有关履行共同文件的具体问题,其中包括朝鲜核计划申报内容等问题。

5月8日,美国朝核问题工作小组再次访问平壤。访问期间,朝鲜向美国移交了长达1.8万页的核设施运行记录。

6月10日,美国朝核问题工作小组三度访问平壤,与朝鲜讨论了朝鲜核设施去功能化的技术性及事务性问题,以及有关各方对此进行政治和经济补偿的问题。朝鲜说磋商"取得了成果"。

6月11日,朝核问题六方会谈经济及能源合作工作组在板门店举行会议。与会各方就向朝提供经济及能源援助问题深入交换了意见,并就加快援助步伐达成一致。

6月11日至12日,朝鲜和日本在北京举行政府间工作会谈。根据双方达成的协议,朝鲜将重新调查"绑架问题",而日本将部分解除对朝经济制裁。

6月18日,美国国务卿赖斯表示,在朝鲜申报其核计划之后,美国将把朝鲜从"支恐"名单上删除,朝鲜也将不再受美国《敌国贸易法》制裁。25日,美国重申有条件将朝鲜从"支恐"名单中删除。

6月26日,六方会谈发表主席声明,表示六方会谈落实共同声明第二阶段行动取得积极进展。朝鲜26日正式向朝核问题六方会谈主席国中国提交核计划申报书。美国白宫在确认朝鲜提交核清单的同时宣布,美国将部分解除对朝鲜的贸易制裁,以及着手将朝鲜从"支持恐怖主义国家"名单中

删除。

6月27日,朝鲜于当地时间17时05分(北京时间16时05分)炸毁其宁边地区核设施的冷却塔。

7月10日至12日,朝核问题六方会谈团长会在北京钓鱼台举行。会后发表新闻公报,各方同意在六方会谈框架内建立朝鲜半岛无核化的验证和监督机制。根据公报,验证机制由六方专家组成,验证措施包括视察设施、提供查阅文件、技术人员面谈,以及六方一致同意的其他措施。由六方团长组成的监督机制,将确保各方信守并履行各自在六方会谈框架内作出的承诺,包括不扩散和对朝经济与能源援助。

8月26日,朝鲜外务省发言人在平壤发表声明说,朝鲜已在14日停止宁边地区核设施的去功能化作业,并已将这一措施通报了有关国家。同时,朝鲜"将根据有关部门的强烈要求,考虑采取按原状重新

恢复宁边核设施的措施"。美国白宫发言人弗拉托26日重申，在朝核问题六方会谈有关各方对朝鲜核计划实行核查达成一致之前，美国不会将朝鲜从支持恐怖主义国家的名单中删除。

（5）2009年朝核问题大事记

2月13日，美国国务卿希拉里·克林顿在纽约的亚洲协会总部发表演讲，阐述新一届政府的亚洲政策。希拉里说，美国愿意与朝鲜签订和平协议。希拉里说："如果朝鲜真诚打算完全而且可验证地放弃核武器计划，（贝拉克·奥巴马政府将愿意使双边关系正常化，以永久和平协议替代朝鲜半岛存在多年的停战协定。"

4月14日，金永南在平壤举行的纪念朝鲜已故国家主席金日成诞辰97周年的中央报告大会上表示，如果美国与韩国胆敢挑起战火，朝鲜将"给予无情的惩罚"；将"千方百计地加强自卫性的核遏制力量";将按原状恢复已去功能化的核设施并使之正常运转;将对从试验核反应堆中取出的乏燃料棒进行再处理;将"积极研究建设自己的轻水反应堆问题"。

朝鲜外务省14日在平壤发表声明,宣布退出朝核问题六方会谈,并将按原状恢复已去功能化的核设施。

朝鲜中央通讯社当天报道的这一声明说,朝鲜"谴责和反对"联合国安理会就朝鲜发射问题通过的主席声明,将"继续根据国际法行使自主的宇宙利用权利"。

声明说,尊重自主权和主权平等是六方会谈通过的共同声明的基础和生命。在这一精神被"全面否定"的情况下,朝鲜"绝对不再参加六方会谈",并且"不再受六方会谈达成的协议的约束"。

声明表示,朝鲜将"千方百计地加强自卫性的核遏

制力量"。为此,朝鲜将按原状恢复已经去功能化的核设施,并使之正常运转。作为这一措施的一环,朝鲜将对从试验核反应堆中取出的乏燃料棒进行再处理。朝鲜还将"积极研究建设自己的轻水反应堆问题"。声明还说:"为应对强权横行的安理会,我们将根据国际社会同意的宇宙条约和国际法,继续行使我国的宇宙利用权利。"

朝鲜5日宣布成功发射了"光明星2号"试验通信卫星。联合国安理会13日就朝鲜发射问题一致通过了一份主席声明。声明说,朝鲜的发射活动违背安理会第1718号决议,安理会对此表示"谴责",并要求朝鲜不再进行进一步的发射活动。

5月25日,朝鲜实施了一次地下核试验。这是朝鲜第二次实施此类试验。朝鲜中央通讯社报道,试验取得"成功",核爆炸威力"比前一次更大",试验目的是增强朝鲜自卫核威慑能力。